低风速风力发电机组理论与应用丛书

低风速风力发电机组原理及总体设计

褚景春　著

科 学 出 版 社

北 京

内 容 简 介

风能开发有巨大的经济、社会和环保价值及发展前景。我国陆上可开发的风资源地区大多数属于低风速区,因此低风速风力发电机组的开发与研究对风资源的合理开发将发挥重要的作用。低风速风力发电机组结构原理更加复杂,关键部件承载力强,载荷控制技术要求更加严格。本书共 7章,从低风速风力发电机组的发展形势、基础理论、设计方法、载荷分析以及机组选型等方面阐述机组的设计原理。同时,本书注重理论与实践相结合,基于多年研制高效低风速风力发电机组的创新历程,归纳总结低风速风力发电机组的理论和总体设计技术的实践成果,希望为我国低风速风力发电机组研究领域尽绵薄之力。

本书可作为风电专业的学习和培训教材使用,也可供有关技术人员参考。

图书在版编目(CIP)数据

低风速风力发电机组原理及总体设计 / 褚景春著. —北京:科学出版社,2024.3

(低风速风力发电机组理论与应用丛书)

ISBN 978-7-03-062141-2

Ⅰ. ①低… Ⅱ. ①褚… Ⅲ. ①风力发电机-发电机组-设计 Ⅳ. ①TM315

中国版本图书馆CIP数据核字(2019)第178877号

责任编辑:张海娜 / 责任校对:任苗苗
责任印制:肖 兴 / 封面设计:图阅社

科学出版社 出版
北京东黄城根北街 16 号
邮政编码:100717
http://www.sciencep.com
河北鑫玉鸿程印刷有限公司印刷
科学出版社发行 各地新华书店经销

*

2024 年 3 月第 一 版 开本:720 × 1000 1/16
2024 年 3 月第一次印刷 印张:11 3/4
字数:239 000

定价:150.00 元
(如有印装质量问题,我社负责调换)

前　言

在我国加快能源结构调整、大力发展风电的战略牵引下，风力发电机组的需求前景广阔，对风电技术创新的要求日益提高。我国可利用的低风速地区面积约占全国风能资源区的 68%，低风速风资源地区的地形地貌多以丘陵山地为主，具有能量密度低、湍流强度较高等特征，这就决定了我们需要结合目前具体的地形区域和实际条件设计出适应场区最合适的风力发电机组，以支撑我国低风速风资源的规模化开发利用。

低风速风力发电机组属于重大装备，对机组的性能、质量、成本要求较高，其原理和总体设计技术涉及学科较多，需要掌握能量转化的基本原理和自动系统化控制、电气、机械、材料、通信、软件、空气动力学、技术经济学等交叉学科综合技术。因此，全面介绍低风速风力发电机组的原理和总体设计技术对我国风电发展具有重要意义。

低风速风力发电机组是我国从无到有、通过自主创新实现规模化应用的高端装备。本书力求将低风速风力发电机组的设计原理进行系统化的介绍。全书共 7 章，主要包括低风速风力发电机组的定义及构成、基础设计理论、设计方法及准则、总体系统设计、载荷计算及处理、测试与验证，以及低风速风电场方案设计与机组选型等方面内容。本书的内容系统完整，深入浅出地介绍与风电相关的理论、原理、基础知识等，详细阐述风电产业链各个环节的技术及相关应用，给出风力发电机组运行与维护的相关技术知识，主要包括风轮、传动链系统、制动系统、发电系统、偏航系统、液压系统、变桨距系统、控制系统、安全保护系统、支撑系统等，同时细致讲解风力发电机组的安装、调试、运行及维护等相关技术知识。

由于风力发电技术的发展日新月异，书中难免存在疏漏或不足之处，敬请专家学者和广大读者予以批评指正。

褚景春

2023 年 5 月于北京

目　　录

第1章　低风速风力发电机组定义及构成

"十三五"期间,我国风电开发规模持续扩大,利用水平显著提升,技术水平不断提高,产业优势持续增强,政策体系日益完善。"十三五"之初,国家能源局印发《风电发展"十三五"规划》,明确要求到 2020 年底风电累计并网装机容量确保达到 2.1 亿 kW 以上。而通过"十三五"期间的不断发展,我国风电装机规模继续领跑全球,截至 2020 年底,我国风电累计装机容量达到 2.82 亿 kW,完美完成了"十三五"装机任务,风电累计发电 17330 亿 kW·h,仅 2020 年我国新增风电并网装机容量达 7167 万 kW。"十三五"时期,国家着力推动风电产业布局优化,成效明显。风电发展重心加速向中东南部地区转移,该地区新增风电装机占比逐步提高,得益于并网消纳形势的持续好转,曾困扰行业发展的弃风限电情况明显改善,2020 年全国各地红色预警全面解除,甘肃等地由红色区域暂停风电开发建设转变为橙色区域暂停新增风电项目,多个地区可以按照要求规范开展风电项目建设,为地区能源结构调整做出积极贡献。我国"三北"地区的陆上风电新建项目度电成本可以达到 0.16 元/(kW·h)、中东南部地区可以达到 0.34 元/(kW·h),大部分新建陆上风电项目已经具备平价上网的条件。《中国风电发展路线图 2050》报告显示,我国水深 5~50m 海域、100m 高度的海上风能资源开发量为 5 亿 kW,总面积为 39.4 万 m^2。"十三五"时期,我国海上风电开发脚步较快,为之后海上风电产业的快速发展奠定了坚实的基础,"十四五"时期我国海上风电得到进一步发展。近年来伴随我国低风速风电技术的不断精进,我国大部分地区,尤其是中东南部地区低风速资源已具备开发条件,可供开发的资源至少在 14 亿 kW 以上,而目前的利用量仅在 8%左右,开发潜力巨大。

1.1　低风速风电市场形势

1.1.1　风电新增装机容量规划

2022 年 6 月,国家发展改革委、国家能源局、财政部等九部门联合组织编制的《"十四五"可再生能源发展规划》中提出,到 2025 年,可再生能源年发电量达到 3.3 万亿 kW·h 左右,"十四五"期间,可再生能源发电量增量在全社会用电量增量中的占比超过 50%,风电和太阳能发电量实现翻倍。

近年我国风电累计并网装机容量如图 1-1 所示。2023 年底我国风电装机(并网)

规模已达到 4.41 亿 kW，并且按照国家能源局的计划，在"十四五"期间风电发电量需增加一倍，意味着风电并网装机容量也要增加一倍左右。2020 年末全国风电累计并网装机容量为 2.82 亿 kW，意味着"十四五"期间风电新增并网装机容量应该为 2.8 亿 kW 左右，2025 年末风电累计并网装机容量应在 5.4 亿 kW 以上。

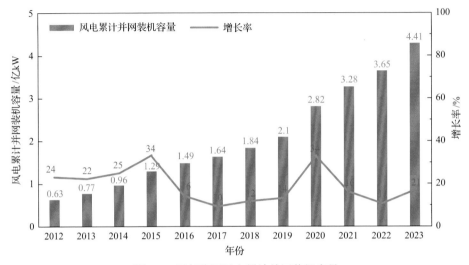

图 1-1　近年我国风电累计并网装机容量

　　可见，我国风电并网装机容量将持续稳定增长，具有广阔的发展空间，特别是依据"三北"地区装机瓶颈现状，可以推断出"低风速高负荷"地区将是近期主要增长方向。

1.1.2　重点开发区域规划

　　《"十四五"可再生能源发展规划》指出，重点推广应用低风速风电技术，合理利用荒山丘陵、沿海滩涂等土地资源，在符合区域生态环境保护要求的前提下，因地制宜地推进中东南部地区风电就地就近开发。与"三北"地区相比，低风速区在中东南部地区中的比例相对更高，随着国内陆上风电重心的转移，中东南部地区陆上风电的开发将推动低风速区风电的发展。国家能源局的数据显示，近些年，中东南部地区低风速风电发展迅速，新增风电并网装机容量超过风电传统区域"三北"地区，未来很有可能成为国内陆上风电装机增长的绝对主力。低风速区风电项目虽然已基本能与当地燃煤电价持平，但度电成本仍普遍高于 0.3 元/(kW·h)，与目前度电成本已跌至 0.2 元/(kW·h)甚至以下的中高风速区相比，仍有一定距离。整机厂商不仅需要设计出适应低风速区的新机型，还必须考虑产品与复杂地形的匹配度和风电场投资收益率。

1.1.3　上网电价

2019 年 5 月，《国家发展改革委关于完善风电上网电价政策的通知》，明确将风电标杆上网电价改为指导价。新核准的风电项目上网电价全部通过竞争方式确定，不得高于项目所在资源区指导价。2019 年 I～IV 类资源区符合规划、纳入财政补贴年度规模管理的新标准陆上风电指导价分别调整为每千瓦时 0.34 元、0.39 元、0.43 元、0.52 元(含税，下同)；2020 年指导价分别调整为每千瓦时 0.29 元、0.34 元、0.38 元、0.47 元。2018 年底之前核准的陆上风电项目，2020 年底前仍未完成并网的，国家不再补贴；2019 年 1 月 1 日至 2020 年底前核准的陆上风电项目，2021 年底前仍未完成并网的，国家不再补贴。2021 年新标准的陆上风电项目全部实现平价上网，国家不再补贴。

1.2　低风速风力发电机组定义及特点

NB/T 31107—2017《低风速风力发电机组选型导则》规定，低风速风力发电机组是指适用于标准空气密度轮毂高度处代表年平均风速不高于 6.5m/s、风功率密度不高于 320W/m² 风能资源条件下的风力发电机组。

我国的低风速资源主要分布在中东南部地区，以高温、高湿等气候条件为主，风资源条件较差，主要体现为年均风速偏低、湍流大、瞬时风速变化快，同时以上地区多以山区、林地等地形为主要特征，项目施工、建造难度大，这就要求低风速风力发电机组在设计环节上要精细化考虑，能够最大化、最经济利用低风速资源，同时还要严控产品成本，保证低风速风电场的投资回报率。

低风速风力发电机组在设计上主要考虑因素体现在：如何保证在低风速区高效捕获风能、如何以最低损耗转换能量、如何实现复杂风况下机组稳定运行，最终年发电量满足投资回报要求，且机组具有广泛适应性。对此业内主要应对措施体现在以下几方面。

1.2.1　超大风轮的柔性叶片设计

为高效捕获低风速能量，低风速风力发电机组通常采用超大叶轮，即大直径叶轮，以提升单位千瓦扫风面积的方式来捕获风能，叶轮直径通常在 100m 以上，截至目前国内低风速风力发电机组叶轮直径可达 200m。不断加大的叶轮对叶片提出了更严苛的要求，在满足强度安全条件下，叶片通常设计成超长高柔性结构，具备微风启动能力，具有较高的叶尖速比，达到良好的气动性能和重量匹配。对此叶片设计必须考虑叶尖损失，提高气动效率，降低噪声；另外在材料选择方面，为达到降低重量、降低重力载荷的目的，一些超大型低风速风力发电机组叶片开始采用碳纤维大梁结构。

1.2.2 高效传动链系统设计

低风速风力发电机组应针对低风速区设计高效传动链系统，降低机械损耗，充分利用捕获的能量。风力发电机组的传动链系统是风能转换为电能的关键路径，特别是复杂多变的低风速区，湍流大，地形环境多变，气象条件恶劣，对传动链系统要求更高，系统中关键部件必须具有更高的单位尺寸载荷密度，对此低风速风力发电机组多采用集成化设计，综合寻优。

传动链系统中关键部件厂家也开始采用更加精细的设计、制造方案，如主轴承，行业内已经开始研究非对称结构滚子、滚道曲线修形等技术，个别厂家也有装机应用。

在此基础上各整机厂家已经开始采用多体动力学仿真计算技术，对传动链系统进行整体优化设计，以期能完成最佳性价比的高效传动链系统设计。

1.2.3 载荷主动控制的主控控制系统开发

在进一步精细优化低风速变速区的功率曲线跟踪系数的基础上，采用针对低风速区的主控控制策略，重点提高风速大于 7m/s 以上的恒转速段的功率捕获，使得功率曲线更加饱满。

在风力发电机组达到额定功率附近区域，最大范围引入恒功率控制方法，使得功率达到额定功率时稳定运行，避免因风速变化引起的功率敏感振荡和大幅跌落现象，提高发电量。

同时，由于低风速风力发电机组通常采用大叶轮直径的设计来提高发电量，叶轮直径的变大会直接增大风力发电机组所受的载荷，可根据实际情况选配独立变桨等控制手段来进一步降低低风速风力发电机组的载荷，进而降低低风速风力发电机组的设计成本。

总之，随着风力发电机组技术的进步，针对低风速风力发电机组的设计也不断有新的方法提出，例如，激光雷达测风技术，能提前感知风况，及时调整机组出力，保证发电量和机组安全；风电场整场协同控制技术，通过发电机组群分机出力调配，保证发电量等。

1.3 低风速风力发电机组分类

低风速风力发电机组的等级根据年平均风速可分为 D-I、D-II、D-III、D-S 四级，每个等级根据湍流强度可分为 A、B、C 三类。低风速风力发电机组等级分类参数应符合表 1-1 的规定(参考 NB/T 31107—2017《低风速风力发电机组选型导则》)。

表 1-1　低风速风力发电机组等级分类参数

机组等级		D-I	D-II	D-III	D-S
参考风速 V_{ref} /(m/s)			37.5		
年平均风速 V_{ave} /(m/s)		6.5	6	5.5	根据设计自定义参数
I_{10}	A 类湍流强度		0.210		
	B 类湍流强度		0.183		
	C 类湍流强度		0.157		

注：I_{10} 表示风速为 10m/s 时的湍流强度。

目前，大规模商业化应用的低风速风力发电机组采用的技术路线主要分为双馈、直驱和半直驱三种形式，下面分别对三种不同技术路线的低风速风力发电机组加以介绍。

1.3.1　双馈式低风速风力发电机组

双馈式低风速风力发电机组采用双馈式发电机，即发电机的定子和转子都能向电网馈电。发电机转子要达到足够高的转速，一般来说传动链需要设计有较高增速比的齿轮箱，通常增速比为 120～150。而双馈式低风速风力发电机组叶轮输入转速更低，因此对增速齿轮箱的增速比要求更高，通常可达 130～165，高速级齿轮及轴承是齿轮箱的薄弱环节，对齿轮箱要求更为严格。

双馈式低风速风力发电机如图 1-2 所示，主要组成部分如下：

(1)叶轮，包括风轮系统、变桨轴承、轮毂和变桨系统等；

(2)传动链，包括主轴、主轴承、齿轮箱和联轴器等；

图 1-2　双馈式低风速风力发电机组

(3)偏航系统，包括偏航驱动、偏航电机、偏航轴承和偏航位置传感器等；

(4)控制系统，包括各种传感器、可编程逻辑控制器(programmable logic controller，PLC)和主控程序等；

(5)支撑结构，包括塔筒和机架等；

(6)发电系统，包括发电机。

此外，双馈式低风速风力发电机组还包括液压系统、制动系统、加热系统和冷却系统等辅助系统。

由于采用了双馈式发电机，双馈式低风速风力发电机组的传动链必须设计有高增速比的齿轮箱，将叶轮的高转矩、低转速的能量转化为低转矩、高转速的能量传递给发电机进行机电能量的转换。齿轮箱作为风力发电机组高精部件之一，成本高且易出现故障，这是双馈式低风速风力发电机组的劣势，随着国内齿轮箱技术的不断进步，齿轮箱成本和故障率均有明显降低，也是国内双馈式机组大规模装机的助力之一。

双馈式低风速风力发电机组的发电机只有转子通过变流器与电网连接，作为能量转换环节中重要成本部件之一的变流器成本比直驱式低风速风力发电机组的全功率变频变流器低2/3，故障率也相对大幅降低，这是双馈式低风速风力发电机组的明显优点。

国内外双馈式低风速风力发电机组整机厂家主要有维斯塔斯风力技术公司、美国通用电气公司、国电联合动力技术有限公司、远景能源有限公司、中船重工(重庆)海装风电设备有限公司等，其中国电联合动力技术有限公司研发的1.5-97、2.0-115/121等机组装机已超过5000台。

1.3.2　直驱式低风速风力发电机组

直驱式低风速风力发电机组的发电机采用多级永磁发电机，由于多级永磁发电机对输入端的要求为低转速、高转矩，直驱式低风速风力发电机组的传动链不需要齿轮箱。但对低风速风力发电机组而言，如果要在更低转速下达到额定功率，必须增加电机极对数，发电机尺寸、重量随之增加，对其悬臂式传动链而言，载荷也随之增大，造成成本增幅明显，这是直驱式低风速风力发电机组在大型化方面的劣势。

相较于双馈式低风速风力发电机组，由于减少了齿轮箱，直驱式低风速风力发电机组的传动链设计更紧凑、成本更低，但由于采用了多级永磁发电机，发电机的设计和制造成本则是机组的主要成本部分。

直驱式低风速风力发电机组采用全功率变频变流器，发热量较大，通常配备水冷散热系统，放置于塔底基础附近，由于地表尘土的影响，为避免尘土附着影响散热效果，其水冷散热系统的日常维护需要重点关注。

直驱式低风速风力发电机组如图 1-3 所示。

图 1-3　直驱式低风速风力发电机组

国内外直驱式低风速风力发电机组整机厂家主要有西门子股份公司、金风科技股份有限公司、湘电风能有限公司等。其中，金风科技股份有限公司的 2.5MW 系列机组近三年国内装机容量最大，平均每年有超过 300 万 kW 的装机容量。

1.3.3　半直驱式低风速风力发电机组

半直驱式低风速风力发电机组结合了双馈式低风速风力发电机组和直驱式低风速风力发电机组的优点，传动链的设计采用低增速比齿轮箱，降低了齿轮箱的设计成本，同时提升了齿轮箱的可靠性；发电机采用多级永磁发电机，相比于直驱式多级永磁发电机，半直驱式多级永磁发电机的磁极对数更少，因此发电机的成本和外形尺寸都得到了有效控制。

目前国内低风速风力发电机组中半直驱式机组应用较少，产业链相对而言成熟度不高，导致其传动链关键部件（如大直径双列圆锥主轴承）基本依靠进口，价格昂贵。但随着机组功率不断增加，在 5MW 及以上机组中，国内外不少整机厂家开始研究半直驱路线，例如，维斯塔斯风力技术公司的 5MW 半直驱机组，已经有样机运行记录；明阳智慧能源集团股份公司的 MySE5.5 系列产品，近三年发展迅速，装机容量有明显提升。

半直驱式低风速风力发电机组如图 1-4 所示。

近年来，各整机厂家均对低风速风力发电机组投入相当大的人力、物力进行研究、开发，在低风速区竞争激烈，开发出了多种配套设计方法、发电量提升控制技术等，甚至引入低风速分布式机组概念，可见市场竞争激烈的程度。

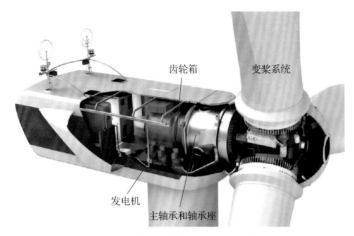

图 1-4   半直驱式低风速风力发电机组

随着机组的大型化，对低风速风力发电机组设计路线的优劣尚无最终定论，在 5MW 及以上级别机组、双馈式、直驱式、半直驱式或者在双馈式基础上发展的鼠笼高速式发电机组均有样机、小批量装机运行验证。

基于作者及技术团队多年的机组设计经验，本书后续将主要围绕双馈式低风速风力发电机组的相关理论和知识进行逐步阐述，其他类型机组亦可参考执行。

第2章　低风速风力发电机组基础设计理论

2016年以后，风电开发向风速更低、消纳能力更强的中东部地区转移，大部分开发区域的年平均风速已低至5m/s。以低风速为主的中东部和南部地区，相对于"三北"地区，气象条件更加复杂，灾害性天气较多，极端气象天气多发，如夏季台风、强雷暴天气、雨季山体滑坡和泥石流灾害、冬季积冰等。各种极端的气象和地形条件要求风力发电机组适应性更强，具有更高的可靠性。

如前面所述，低风速风力发电机组的明显特征是叶轮直径大，目前对于低风速风力发电机组的设计一般仍沿用相似性原则，即在原来常规机组设计的基础上，机型比例放大设计，但结合作者多年的设计经验，并参考相关资料，发现按照相似性原则设计低风速风力发电机组时，叶片重量对机组载荷影响最明显，随之带来的是系列的部件设计困难，相似放大设计方法存在一个界限，而且即使在限值内，也不能简单地等比例放大，必须进行整机一体化设计，采用多因子综合寻优设计方法才能完成高效低风速风力发电机组的设计。

低风速风力发电机组并非仅仅加长叶片、增加风轮直径那么简单。首先，需要对翼型进行新的开发，充分考虑叶片加长所致的柔性、叶尖高速等问题，同时也需要在考虑叶片的重量、强度以及成本的前提下，选择合适的材料和工艺等。

本章分别介绍风力发电机组的风能捕获、能量转化、能量传递等过程，解释风力发电机组工作原理，并对低风速、高湍流气候条件下低风速风力发电机组的结构动力学问题和智能控制运行理论进行介绍。

2.1　能量转化和传输理论

2.1.1　风能捕获理论

流动的空气具有能量，风速越高包含的能量越多，较小的叶轮直径就可捕获同等的能量；风速低则相反。风力发电机组将风的动能转化为机械能并进而转化为电能。

从动能到机械能的转化是通过风轮来实现的，而从机械能到电能的转化是通过发电机实现的。

1. 一维动量定理

风力发电机组通过风轮将风的动能转化为机械能。动量定理用于描述作用在风轮上的力与来流速度之间的关系，研究不考虑风轮尾流旋转时的理想状况，主要进行如下假设：

(1)气流是不可压缩的均匀定常流；

(2)风轮简化成一个桨盘；

(3)桨盘上没有摩擦力；

(4)以简化的单元流管表示风轮流动模型；

(5)风轮前后远方的气流静压相等；

(6)轴向力(推力)沿桨盘均匀分布。

假设在稳态气流中，气流与外界没有能量交换，风能流动的单元流管模型如图 2-1 所示。

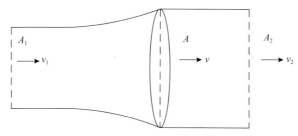

图 2-1　风能流动的单元流管模型

在不考虑流体的可压缩性、黏性，而且流体运动的速度不随时间变化的情况下(称为不可压缩理想流体定常流)，对流体微团(质点)的运动微分方程(Euler 方程)沿流线(与微团运动的迹线一致)进行积分，可以获得著名的理想流体伯努利方程(Bernoulli 方程)，即

$$\frac{1}{2}\rho v^2 + P_s + \rho gh = \text{const} \tag{2-1}$$

式中，ρ 为空气密度；v 为流过风轮的风速；P_s 为静压强；h 为高度；g 为重力加速度。

当气流不可压缩且水平运动时，将风轮前后区域伯努利方程相减，可以得到风轮前后表面的压力差：

$$p_u - p_d = \frac{1}{2}\rho\left(v_1^2 - v_2^2\right) \tag{2-2}$$

式中，p_u 和 p_d 分别为风轮上风面和下风面的压力；v_1 和 v_2 分别为风轮前来流风速和风轮后尾流风速。

单位时间内气流通过风轮的轴向动量变化，应用动量方程可得

$$D_1 = \dot{m}\left(v_1 - v_2\right) \tag{2-3}$$

式中，$\dot{m}$ 为单位时间流经风轮的空气质量，$\dot{m}=\rho Av$，其中 ρ 为空气密度，A 为风轮在气流速度垂直方向上的投影面积，v 为流过风轮的风速。因此：

$$D_1 = \rho Av(v_1 - v_2) \tag{2-4}$$

此外，由力的平衡可知

$$D_1 = A(p_u - p_d) \tag{2-5}$$

将式 (2-2) 代入式 (2-5) 可得

$$D_1 = \frac{1}{2}\rho A(v_1^2 - v_2^2) \tag{2-6}$$

与式 (2-4) 比较可以发现：$v = \dfrac{v_1 + v_2}{2}$，说明流过风轮的风速是风轮前来流风速和风轮后尾流风速的平均值。

2. 轴向诱导因子

自然风由于受到风轮的阻挡，经过风轮后的风速将会减小。定义轴向诱导速度 $v_a = v_1 - v$ 和轴向诱导因子 $a = v_a/v_1$。由于气流在通过风轮面时会损失一部分动能，v 与 v_1 的关系为

$$v = v_1(1-a) \tag{2-7}$$

类似地，风轮后尾流风速 v_2 与风轮前来流风速 v_1 的关系为

$$v_2 = v_1(1-2a) \tag{2-8}$$

将式 (2-7) 和式 (2-8) 代入式 (2-4) 得到风轮上所作用的推力为

$$T = 2\rho Av_1^2 a(1-a) \tag{2-9}$$

风轮吸收功率为

$$P = Tv = 2\rho Av_1^3 a(1-a)^2 \tag{2-10}$$

并定义功率系数和推力系数分别为

$$C_P = \frac{P}{\frac{1}{2}\rho Av_1^3} = 4a(1-a)^2 \tag{2-11}$$

$$C_T = \frac{T}{\frac{1}{2}\rho A v_1^2} = 4a(1-a) \tag{2-12}$$

由式(2-11)、式(2-12)可知，可以用轴向诱导因子表征功率系数和推力系数。

由图 2-2 可知，当 $a = 1/2$ 时 C_T 最大为 1；当 $a = 1/3$ 时 C_P 最大，$C_P \approx 0.593$，即 Betz 极限。

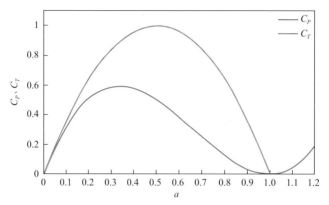

图 2-2　轴向诱导因子与功率系数、推力系数的关系

3. 一维尾流模型

当气流通过风轮圆盘时，圆盘所受转矩与作用在空气上的转矩大小相等、方向相反。反转矩作用会导致空气逆着风轮转向旋转，从而获得角动量，这样会使风轮圆盘尾流的空气微粒在旋转面的切线方向和轴向上都获得速度分量。

气流在切线方向获得的速度分量意味着其自身动能的增加，增加的动能补偿了尾流中空气的静压。

进入风轮圆盘的气流无任何转动，而离开圆盘的气流是旋转的，并且气流在尾流中一直保持恒速旋转。转动传递发生在整个圆盘的厚度处。切向速度的变化用切向诱导因子 a' 表示。圆盘上游气流的切向速度为零，圆盘下游气流的切向速度为 $2\omega r a'$，在圆盘厚度中部，距旋转轴径向距离为 r 的地方其切向诱导速度为 $\omega r a'$。因为它是由转矩的反作用产生的，方向与风轮运动相反。

实际上切向速度的获得是不可能突然发生的，气流在叶片之间被"挤压"，在切线方向产生了加速，叶片的间距减小了该影响，但是气流越接近叶片根部，叶片对气流的阻塞作用越大，这就导致了在叶片根部出现大的切向速度。

如果将流管模型中的单元流管沿径向进一步划分，则可得到一系列流环。设定 r 为任一流环半径，$\mathrm{d}r$ 为该流环厚度，因此该流环在风轮圆盘面处的面积 $\delta A \mathrm{d}r = 2\pi r \mathrm{d}r$。

如前所述，进入风轮圆盘的气流没有旋转，而离开风轮圆盘的气流产生了旋转，假设半径 r 处流环中气流旋转的切向速度为 $2\omega r a'$，切向诱导因子实际上表示由于风轮圆盘的旋转诱导作用，尾流产生切向速度的尺度大小。

由角动量定理可知，转矩=角动量变化率=切向动量变化率×半径。因此，对于任一流环中的流体，其转矩 δM 可表示为

$$\delta M = \rho \delta A_d v_1 (1-a) 2a'\omega r^2 \tag{2-13}$$

由 $\delta P = \delta M \omega$，可得

$$\delta P = \rho \delta A_d v_1 (1-a) 2a'\omega^2 r^2 \tag{2-14}$$

又由

$$\delta P = 2\rho \delta A_d v_1^3 a(1-a)^2 \tag{2-15}$$

结合式(2-14)，简化式(2-15)可得

$$v_1^2 a(1-a) = \omega^2 r^2 a' \tag{2-16}$$

假设风轮圆盘半径为 R，则任一流环在风轮圆盘面的半径 r 与 R 的比值 $\mu = \dfrac{r}{R}$ 称为相对半径。此外，风轮圆盘半径 R 处的旋转速度 ωR 与风轮前来流速度 v_1 的比值 $\lambda = \dfrac{\omega R}{v_1}$ 称为叶尖速比；风轮圆盘任一半径 r 处的旋转速度 ωr 与风轮前来流风速 v_1 的比值 $\lambda_r = \dfrac{\omega r}{v_1}$ 称为局部叶尖速比。显然，由以上定义可得

$$\lambda_r = \lambda \mu \tag{2-17}$$

结合式(2-17)，式(2-14)右侧可转化为

$$\delta P = \delta M \omega = \left(\frac{1}{2}\rho v_1^3\right)\delta A_d 4a'(1-a)\lambda_r^2 = E\delta A_d \eta_r \tag{2-18}$$

式中，η_r 为风轮圆盘局部效率，即

$$\eta_r = 4a'(1-a)\lambda_r^2 \tag{2-19}$$

同理，式(2-16)可转化为

$$a(1-a) = \lambda_r^2 a' \tag{2-20}$$

以切向诱导因子 a' 为自变量，利用式(2-19)对 η_r 求极值，可得

$$\frac{\mathrm{d}}{\mathrm{d}a'}a = \frac{1-a}{a'} \tag{2-21}$$

同理，以切向诱导因子 a' 为自变量，利用式(2-20)可得

$$\frac{\mathrm{d}}{\mathrm{d}a'}a = \frac{\lambda_r^2}{1-2a} \tag{2-22}$$

联立式(2-21)和式(2-22)可得

$$a'\lambda_r^2 = (1-a)(1-2a) \tag{2-23}$$

联立式(2-20)和式(2-23)可得

$$a = \frac{1}{3} \quad a' = \frac{a(1-a)}{\lambda^2\mu^2} \tag{2-24}$$

由式(2-24)可知，理想情况下，轴向诱导因子 a 不受尾流旋转影响，其最优值仍为 1/3，而切向诱导因子 a' 为 a 的函数，且随半径位置的改变而改变。

由风能功率系数 C_P 定义，可得

$$P = EA_d C_P \tag{2-25}$$

以 r 为自变量对式(2-25)求导，可得

$$\frac{\mathrm{d}}{\mathrm{d}r}P = EA_d\frac{\mathrm{d}}{\mathrm{d}r}C_P \tag{2-26}$$

由式(2-18)，结合 $\delta A\mathrm{d}r = 2\pi r\mathrm{d}r$ ，可得

$$\frac{\mathrm{d}}{\mathrm{d}r}P = 4\pi\rho v_1^3(1-a)a'\lambda_r^2 r \tag{2-27}$$

联立式(2-26)和式(2-27)可得

$$\frac{\mathrm{d}}{\mathrm{d}r}C_P = 8(1-a)a'\lambda^2\mu^3 \tag{2-28}$$

结合式(2-24)，对式(2-28)积分可得

$$C_P = \int_0^1 8(1-a)\frac{a(1-a)}{\lambda^2\mu^2}\lambda^2\mu^3\mathrm{d}\mu = 4a(1-a)^2 \approx 0.593 \tag{2-29}$$

由此可知，即使考虑尾流旋转，最大风能利用系数仍为 Betz 极限。

2.1.2　能量传递理论

1. 叶素理论

一维动量定理中没有考虑叶片的实际几何参数——叶片参数、叶片的扭转、叶片弦长沿展向的变化以及叶片的翼型，而叶素理论从分析气流在局部叶片上的作用入手，利用动量定理分析风轮的受力。

叶素理论的基本思想是将风轮叶片沿展向分成若干微段，称这些微段为叶素，并认为各叶素上作用的气流互不干扰，将作用在所有叶素上的力和力矩沿展向积分即可求得作用在整个叶片上的力和力矩。以半径为 r、长度为 $\mathrm{d}r$ 的叶素为研究对象，其产生的推力可描述为

$$\mathrm{d}T = \frac{1}{2}\rho W^2 \left(C_L \cos\varphi + C_D \sin\varphi\right) c\,\mathrm{d}r \tag{2-30}$$

式中，W 为叶素上的气流相对速度(合成风速)；φ 为风速与风轮旋转平面的入流角；c 为叶素的弦长；C_L 和 C_D 分别为叶轮的升力系数和阻力系数。

对于风力发电机组，径向分布的各流管可将叶片划分为若干微元段，各微元段处于相应流环之中，高度亦为 $\mathrm{d}r$，即整个叶片由多个叶素组成，并假设各叶素之间的受力相互独立，实际上也就是各流环中的流动互不干扰，将三维模型简化为一维模型，从而可使用翼型气动特性进行叶素气动力的计算。

图 2-3 给出了流经叶素流体的速度三角形及作用在叶素上的气动力，其中 W、α、β 和 φ 分别为任一叶素上的气流相对速度(合成风速)、翼型攻角、桨距角和入流角。

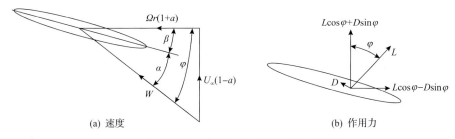

(a) 速度　　　　　　　　　　　　　　(b) 作用力

图 2-3　气流速度三角形及作用在叶素上的气动力

根据图 2-3 的气流速度三角形，可以得出运动参数之间的关系表达式为

$$W = \sqrt{v_1^2 \left(1-a\right)^2 + \omega^2 r^2 \left(1+a'\right)^2} \tag{2-31}$$

$$\begin{cases} \sin\varphi = \dfrac{v_1(1-a)}{W} \\ \cos\varphi = \dfrac{\omega r(1+a')}{W} \\ \tan\varphi = \dfrac{\sin\varphi}{\cos\varphi} = \dfrac{v_1(1-a)}{\omega r(1+a')} = \dfrac{1-a}{\lambda\mu(1+a')} \end{cases} \tag{2-32}$$

$$\beta = \varphi - \alpha \tag{2-33}$$

根据二维翼型气动特性，作用在叶素上的气动升力 δF_L 和气动阻力 δF_D 可分别写为

$$\delta F_L = C_L \frac{1}{2}\rho W^2 c\delta r \tag{2-34}$$

$$\delta F_D = C_D \frac{1}{2}\rho W^2 c\delta r \tag{2-35}$$

根据图 2-3(b)，可将作用在叶素上的气动升力 δF_L 和气动阻力 δF_D 分别分解在气流流动方向（轴向）和叶素旋转方向（切向），然后分别求解作用在叶素上的轴向气动力 δF_x 和切向气动力 δF_y，即

$$\begin{aligned} \delta F_x &= \delta F_L\cos\varphi + \delta F_D\sin\varphi \\ &= (C_L\cos\varphi + C_D\sin\varphi)\frac{1}{2}\rho W^2 c\delta r \\ &= C_x \frac{1}{2}\rho W^2 c\delta r \end{aligned} \tag{2-36}$$

$$\begin{aligned} \delta F_y &= \delta F_L\sin\varphi - \delta F_D\cos\varphi \\ &= (C_L\sin\varphi - C_D\cos\varphi)\frac{1}{2}\rho W^2 c\delta r \\ &= C_y \frac{1}{2}\rho W^2 c\delta r \end{aligned} \tag{2-37}$$

则作用于风轮圆盘转动平面圆环上的轴向推力为

$$\mathrm{d}T = B\mathrm{d}F_x = \frac{1}{2}B\rho c W^2 C_x \mathrm{d}r \tag{2-38}$$

式中，B 为风轮叶片数。

作用于风轮平面圆环上的转矩为

$$\mathrm{d}M = B\mathrm{d}F_y = \frac{1}{2}B\rho cW^2 C_y \mathrm{d}r \tag{2-39}$$

式中，C_x 和 C_y 分别为轴向气动力系数和切向气动力系数，其表达式为

$$C_x = C_L \cos\varphi + C_D \sin\varphi \tag{2-40}$$

$$C_y = C_L \sin\varphi - C_D \cos\varphi \tag{2-41}$$

2. 叶素-动量理论

如果计算叶轮上的力与力矩，不论是运用动量定理还是叶素理论，都需要计算轴向诱导因子 a 与切向诱导因子 a'。因此，如果将动量定理运用到叶素理论，就可以建立叶素气动力与气流运动参数之间的关系，即叶素-动量理论。

单个叶素的轴向气动力 δF_x 已由式(2-36)给出，假设风轮由 N 个叶片组成，则同一流环中叶素数目亦为 N，而该流环中总的叶素轴向气动力为

$$\delta F_x N = C_x \frac{1}{2}\rho W^2 c\delta r N \tag{2-42}$$

叶素所在流环的轴向动量变化为

$$\rho v\delta A_d (v_1 - v_2) = \rho v_1(1-a)2\pi r \mathrm{d}r 2av_1 = 4\pi\rho v_1^2 a(1-a)r\delta r \tag{2-43}$$

结合式(2-42)，对式(2-40)、式(2-41)应用动量定理，可得

$$\frac{1}{2}\rho W^2 NcC_x \delta r = 4\pi\rho\left[v_1^2 a(1-a) + (a'\omega r)^2\right]r\delta r \tag{2-44}$$

变换式(2-44)可得

$$\frac{W^2}{U_\infty^2} N \frac{c}{R} C_x = 8\pi\left[a(1-a) + (a'\lambda\mu)^2\right]\mu \tag{2-45}$$

同理，单个叶素的切向气动力 δF_y 已由式(2-37)给出，则作用在 N 个叶素上的总切向气动力所产生的转矩可表示为

$$\delta F_y r N = C_y \frac{1}{2}\rho W^2 c\delta r r N \tag{2-46}$$

叶素所在流环的角动量变化为

$$\rho v \delta A_d \left(\omega r 2a' - 0\right)r = \rho v_1 \left(1-a\right)\omega r 2a'r 2\pi r \delta r$$
$$= 4\pi \rho v_1 \left(\omega r\right)a'\left(1-a\right)r^2 \delta r \tag{2-47}$$

对式(2-46)、式(2-47)应用角动量定理，可得

$$\frac{1}{2}\rho W^2 N c C_y r \delta r = 4\pi \rho v_1 \left(\omega r\right)a'\left(1-a\right)r^2 \delta r \tag{2-48}$$

变换式(2-48)可得

$$\frac{W^2}{v_1^2}N\frac{c}{R}C_y = 8\pi\lambda\mu^2 a'\left(1-a\right) \tag{2-49}$$

再运用迭代法确定叶素理论中未知的轴向及切向诱导因子，选取任一相对半径 μ，设定轴向诱导因子 a 初值和切向诱导因子 a' 初值，由式(2-31)、式(2-32)和式(2-33)分别可得该半径处叶素的气流相对速度 W、入流角 φ 和桨距角 β。由式(2-46)可得

$$\sigma_r C_L = \frac{4\lambda\mu a'\left(1-a\right)}{\dfrac{W}{v_1}\left[\left(1-a\right) - \dfrac{C_P}{C_L}\lambda\mu\left(1+a'\right)\right]} \tag{2-50}$$

式中，σ_r 为叶片弦长实度，具体定义为给定半径处叶素弦长总和占该半径处风轮周长的比值，其表达式为

$$\sigma_r = \frac{N}{2\pi}\frac{c}{r} = \frac{N}{2\pi\mu}\frac{c}{R} \tag{2-51}$$

通过式(2-50)求取叶片弦长实度 σ_r，然后通过式(2-51)求取该半径处的叶素弦长 c。由式(2-45)和式(2-49)可得

$$\frac{a}{1-a} = \frac{\sigma_r}{4\sin^2\varphi}\left(C_x - \frac{\sigma_r}{4\sin^2\varphi}C_y^2\right) \tag{2-52}$$

$$\frac{a}{1+a'} = \frac{\sigma_r C_y}{4\sin\varphi\cos\varphi} \tag{2-53}$$

由式(2-52)和式(2-53)分别计算该半径的轴向诱导因子 a 新值，若新值与初值相

等，则完成该半径处的叶素参数计算过程；若新值与初值不等，则以新值为初值，继续式(2-50)~式(2-53)的迭代过程，直至新值与初值相等。

2.1.3 风力发电机组尾流

风流过旋转的风轮后风速会下降，湍流强度会上升，在下游会形成尾流区($D\sim10D$)。在尾流区内的风力发电机组发电量会下降，机械疲劳载荷会增加，即尾流效应。

流动的空气在靠近风轮前的位置处，速度会有所下降，而静压会略微增加，当空气流经风轮时，静压会急剧下降，而在风轮后方不远处的流场，速度与静压分布非常复杂，速度具有较高的切向分量，而静压分布取决于速度分布与风轮的作用力。这一区域的流体的复杂运动规律是由风轮后方涡系引起的，环形的叶尖涡与叶根涡向下游均匀扩散，其诱导产生的速度使尾流中的风速低于来流的风速。然后，尾流继续向下游扩散，涡系逐渐消散，同时尾流中较低的风速与外界较高的风速相遇混合，产生一个较为明显的剪切层。该剪切层逐渐扩大，流管扩张导致速度持续下降，而静压在风轮后方不远处就会很快恢复。如果尾流继续向后方运动，湍流的扩散作用将影响尾流的流动，剪切层逐渐扩大，在下游截面处速度的分布呈钟形，环境湍流与剪切层内湍流主导尾流的流动，最终在风力发电机组下游后方2~5个风轮直径处，剪切层厚度达到最大，这一区域称为近尾流区域。近尾流区域的下游为远尾流区域，在这一区域流动具有较强的对称性，在环境湍流的影响下，外部的动量逐渐输运到尾流中，使得尾流的速度逐渐恢复，在10个风轮直径以后，尾流的速度基本恢复为原始值。

从上述风力发电机组尾流流动特性可以看出，近场尾流的流动更为复杂，流速的切向分量与径向分量较高，时变特性较强，而远场尾流轴向流速远高于其他两个方向，时变特性较弱。同时，近场尾流受风轮自身的影响较为显著，流动区域内有较明显的涡系存在，而远场尾流受环境影响比较显著，且流动区域内无明显涡系。由于两种尾流模型关注的流动区域不同，具有较大的差异。另外近场尾流模型解决的问题是上游机组自身的载荷计算，而远场尾流模型解决的问题是尾流对下游来流的干扰，重点在速度场的计算，两者虽然名称相近，实则是不同的问题。明确两者的区别，有利于锁定研究中的主要矛盾，有助于用最简洁的方式解决问题。

值得指出的是，风力发电机组远场尾流与近场尾流模型之间既有区别又有联系。首先，远场尾流常常以近场尾流计算作为起始，为了降低计算量，远场尾流模型中常常需要对近场尾流做出必要的假设，因此对近场尾流的研究同时会推动远场尾流模型的进步。其次，由于计算水平的进步，一些近场尾流的研究手段逐渐走入远场尾流的研究中，如致动盘理论、致动线理论与致动面理论。

风力发电机组的远场尾流模型研究主要经历三个阶段。第一阶段为解析模型阶段。首先是 Lissman 模型[1]，该模型将 Abramovitch 射流理论应用于尾流建模，同时该模型的实施依赖于大量的经验假设，这影响了模型的普适性，也增加了模型的实施难度。而后出现的 Jensen 模型[2]，以积分型动量方程为理论基础，虽然模型假设非常多，但是计算效率高，操作简易，该模型是风资源评估软件 WAsP 中 Park 模型的基础，同时被商业软件 WindSim 采用。但是 Jensen 模型认为下游速度界面分布是均匀的，这与真实情况相差较大，是该模型最大的弱点。针对这一弱点，Larsen[3]根据边界层理论，求解下游截面速度相似性解，由于下游截面速度分布不再均匀，这一模型理论上具有较高的计算精度，同时计算量较小，但是由于对湍流作用的简单估计，Larsen 模型容易低估尾流的恢复能力。由于计算流体力学（computational fluid dynamics，CFD）技术的发展，为了更好地模拟湍流作用，CFD尾流模型开始出现，即第二阶段。首先是雷诺时均（Reynolds average Navier-Stokes，RANS）模型的出现。Ainslie 模型[4]是一个降维的柱坐标系 CFD 模型，该模型在近尾流区域内依赖较为烦琐的经验公式，而且纳维-斯托克斯（Navier-Stokes，NS）方程中径向速度都被忽略为零，这种简化方式也被 Taylor 所采纳，并使用了一方程湍流模型。相似的还有 Crespo 等[5]的双方程湍流模型模拟远场尾流，这些模型在提高精度的同时，显然增加了尾流模拟的计算量。近年来，由于尾流突出的非稳态特性和湍流各向异性，许多研究者开始采用大涡模拟（large eddy simulation，LES）方法对尾流进行研究，这种方法是 CFD 模型的新阶段，即第三阶段。Troldborg[6]采用了致动线方法简化风轮作用，利用 LES 对风力发电机组尾流进行研究。在此基础上Ivanell 等[7]利用风轮圆盘方法简化风轮，分析了 Horns Rev 80 台风力发电机组的尾流特性，其计算结果得到了试验的验证。Sanderse 等[8]对 LES 与 RANS 的尾流模型进行了对比，发现 LES 在预测湍流强度和时均风速方面都具有优势。

在研究成果应用方面，商用软件多以解析模型为基础，例如，Jensen 模型应用于 WAsP、WindSim 与 WindPro 中，Larsen 模型应用于 WindSim 中。对于 CFD模型，应用也只限于采用一方程湍流模型的 CFD 尾流模型，如 Taylor 模型与 Ainslie模型。更先进的 LES 手段，由于计算量的限制，无法直接应用到工程上面。

在风电场尾流计算的技术路线方面，目前的技术路线主要有两种，一是分别计算单台机组的尾流，而后利用尾流叠加模型计算全场的尾流流场；二是同时计算多台机组的尾流。其中，第二种方法理论上具有更高的精度，但是现实中由于计算量的限制，第一种方法更为广泛。

国内研究主要集中在工程应用最广泛的解析模型上面。陈坤和贺德馨[9]探讨了 AV（aero viroment）尾流模型，并通过该模型计算了尾流对下游风力发电机组出力特性的影响，该模型计算的结果与风洞试验结果有了较好的吻合。田琳琳等[10]改进了 Park 远场尾流模型，其仿真结果十分接近风洞试验数据。张晓东和张镇[11]

改进了 Jensen 尾流模型，并验证了改进尾流模型的有效性。

2.1.4 传动链数学模型

传动链是风力发电机中最主要的结构，其作用是将风能转化为机械能，再通过发电机将其转化为电能，主要包括叶片、轮毂、主轴、增速齿轮箱、联轴器以及发电机等部件，也包括各弹性支撑。风力发电机组传动系统将风轮端的低转速、高转矩转化为电机端的高转速、低转矩。

风力发电机传动链的基本分析模型是把各个部件当成惯性元件，都具有刚度和阻尼。传动链系统的转矩、惯量的简单模型为

$$\left(J_m + G^2 J_e\right)\dot{\omega} + B\omega = T_a - GT_e \tag{2-54}$$

式中，J_m 为齿轮箱低速级的部件转动惯量，由于齿轮箱内部各轴的惯量远小于风轮及主轴的转动惯量，可以近似看成风轮惯量；J_e 为高速轴及发电机转子的转动惯量；G 为传动比；B 为阻尼；ω 为角速度；T_a 和 T_e 分别为气动转矩和电磁转矩，忽略变流器的动态特性。一般认为传动机构属于刚性器件，一阶惯性环节即可表示该机构的特性。传动机构运动方程为

$$\frac{\mathrm{d}T_e}{\mathrm{d}t} = \frac{1}{t_k}\left(T_a - T_e\right) \tag{2-55}$$

式中，T_a 为气动转矩；T_e 为电磁转矩；t_k 为轮毂惯性时间常数。在简化模型中可将传动轴的惯量等效到发电机转子中，齿轮箱为理想的刚性齿轮组。

从式(2-55)中可以看出，气动转矩和电磁转矩出现的不平衡现象会以加速度的形式表现在转轴上。在刚性模型中，所有部件都被认为不存在任何变形，多数只有一个自由度，如轴只能绕某一轴线旋转。在柔性模型中，高速轴和低速轴上可以存在多自由度的弯矩和转矩，而发电机的转子也会左右或上下晃动，风轮与发电机转子有各自旋转自由度。轴转矩可以通过式(2-56)计算：

$$T = k\theta + B\dot{\theta} \tag{2-56}$$

式中，T 为轴转矩；k 为轴刚度；$\dot{\theta}$ 为角位移。还有些学者将阻尼分为内阻尼和外阻尼。

1. 风轮和低速轴模型

在传统的风力发电机组中，低速轴是风轮的转轴，支撑风轮并将风轮的转矩传递给齿轮箱，将轴向推力、气动弯矩传递给底座。低速轴的载荷传动关系可以表示为

$$J_m \ddot{\theta}_R + B_R \theta_R = T_a - T_1 \qquad (2\text{-}57)$$

$$T_1 = k_1 (\theta_R - \theta_1) + B_1 (\dot{\theta}_R - \dot{\theta}_1) \qquad (2\text{-}58)$$

式中，θ_R 为风轮转子角位移；θ_1 为低速轴角位移；B_R 和 B_1 分别为风轮及低速轴阻尼；k_1 为低速轴刚度；T_1 为低速轴转矩。

2. 齿轮箱模型

风力发电机组中的齿轮箱是一个重要的机械部件，其主要功能是将风轮在风力作用下所产生的动力传递给发电机并使发电机得到相应的转速。风轮的转速很低，远达不到发电机发电的要求，必须通过齿轮箱轮辐的增速作用来实现，故也将齿轮箱称为增速箱。齿轮箱的增速公式可表示为

$$T + GT_2 = 0 \qquad (2\text{-}59)$$

$$\theta_2 = G\theta_1 \qquad (2\text{-}60)$$

式中，T_2 为高速轴转矩；θ_2 为高速轴角位移。

根据机组增速比的要求，在保证满足可靠性和预期寿命的前提下，必须使齿轮箱结构简化并且最轻。齿轮箱的效率可通过功率损失计算或试验实测得到。功率损失主要包括齿轮啮合、轴承摩擦、润滑油飞溅和搅拌损失、其他机件阻尼等。齿轮的传动效率可按式(2-61)计算：

$$\eta = \eta_1 \eta_2 \eta_3 \eta_4 \qquad (2\text{-}61)$$

式中，η_1 为齿轮啮合摩擦损失的效率；η_2 为轴承摩擦损失的效率；η_3 为润滑油飞溅和搅拌损失的效率；η_4 为其他机件阻尼摩擦损失的效率。

3. 高速轴和发电机转子模型

增速齿轮箱变速后，输出一个适合发电机正常运转的速度，通过高速轴输出端传递给发电机，其传动关系可表示为

$$J_e \ddot{\theta} = T_e - T_p \qquad (2\text{-}62)$$

$$T_2 = k_2 (\theta_2 - \theta_e) + B_2 (\dot{\theta}_2 - \dot{\theta}_e) \qquad (2\text{-}63)$$

式中，k_2 为高速轴刚度；B_2 为高速轴阻尼；$\dot{\theta}_2$ 为发电机转子角位移。

2.1.5 电机的能量转化

变速发电机目前主要采用双馈异步发电机或低速永磁同步发电机。在低于额定风速时，通过整流器及逆变器来控制发电机的电磁转矩实现对风力发电机组的转速控制，在高于额定风速时，考虑系统对变化负荷的承受能力，一般采用桨距调节的方法除去多余的能量。这时，机组有两个控制环同时工作，即内部的电机转速电磁转矩控制环和外部桨叶节距控制环。

双馈异步发电机由定子绕组直连定频三相电网的绕线式转子异步发电机和在转子电路上带交流励磁变频器组成。发电机向电网输出的功率由两部分组成，即直接从定子输出的功率和通过变频器从转子输出的功率。风力发电机组的机械速度是允许随着风速而变化的。通过对电机的控制，风力发电机组运行在最佳叶尖速比状态，从而使整个运行速度的范围内均有最佳功率系数。

双馈异步发电机的变速运行建立在交流励磁变速恒频发电技术基础上。交流励磁变速恒频发电是在异步发电机的转子中施加三相低频交流电流实现励磁的，调节励磁电流的幅值、频率、相序，确保发电机输出功率恒频恒压。同时，采用矢量变换控制技术，实现发电机有功功率、无功功率的独立调节。调节有功功率可调节风力发电机组转速，进而实现最大风能捕获的追踪控制；调节无功功率可调节电网功率因数，提高风力发电机组及所并电网系统的动、静态运行稳定性。

当风速变化引起发电机转速 n 变化时，应控制转子电流的频率 f_2 使定子输出频率 f_1 恒定。根据式(2-64)关系：

$$f_1 = pf_m \pm f_2 \tag{2-64}$$

当发电机转速 n 低于气隙旋转磁场的转速 n_1 时，发电机处于亚同步速运行，此时变频器向发电机转子提供正相序励磁，式(2-64)取正号；当发电机转速 n 高于气隙旋转磁场的转速 n_1 时，发电机处于超同步速运行，式(2-64)取负号；当发电机转速 n 等于气隙旋转磁场的转速 n_1 时，发电机处于同步速运行，$f_2=0$，变频器应向转子提供直流励磁。在不计铁耗和机械损耗的情况下，可以得到转子励磁双馈异步发电机的能量流动关系，即

$$\begin{cases} P_{\text{mech}} + P_2 = P_1 + P_{\text{cu1}} + P_{\text{cu2}} \\ P_2 = s(P_1 + P_{\text{cu1}}) + P_{\text{cu2}} \end{cases} \tag{2-65}$$

式中，P_{mech} 为转子轴上输入的机械功率；P_1 为转子励磁变频器输入的电功率；P_2 为定子输出的电功率；P_{cu1} 为定子绕组铜耗；P_{cu2} 为转子绕组铜耗；s 为转差率。等号左侧以输入功率为正，右侧以输出功率为正，在忽略定子、转子绕组铜耗的

条件下，式(2-65)可近似表达为

$$P_2 \approx sP_1 \tag{2-66}$$

由式(2-66)可知，当发电机处于亚同步状态时，$s>0$，$P_2>0$，变频器向转子绕组输入电功率；当发电机处于超同步状态时，$s<0$，$P_2<0$，变频器向转子绕组输出电功率。

综上可知，在变速恒频风力发电机中，由于风能的不稳定性和捕获最大风能的要求，发电机转速在不断变化，而且经常在同步转速上、下波动，这就要求转子交流励磁电源不仅要有良好的变频输入、输出特性，而且要有能量双向流动的能力。在目前电力电子技术条件下，可采用绝缘栅双极型晶体管(insulated gate bipolar transistor，IGBT)器件构成的脉冲宽度调制(pulse width modulation，PWM)整流——PWM逆变形式的交-直-交静止变频器作为其励磁电源。

2.1.6 变流器的能量传递

风力发电机组的变流器是功率可以双向流动的背靠背变流器，由两个电压源型变流器(即网侧变流器和机侧变流器)通过直流环节(电容)连接构成，每一个电压源型变流器都是一个两电平六桥臂的IGBT全桥电路。IGBT的驱动信号通常采用PWM技术产生，电压空间矢量脉冲宽度调制(space vector pulse width modulation，SVPWM)在变流器的控制中使用更为广泛。

网侧变流器需要实现不同的功能来维持双馈风电系统的运行。网侧变流器的控制目标是无论变流器内功率流动的方向和大小如何，都要维持恒定的直流环节电压，同时保证网侧输出电流为正弦电流且功率因数为1；机侧变流器则主要通过对转子励磁电流的控制实现发电机有功、无功功率的解耦控制，同时与网侧变流器协同工作实现机组的变速恒频控制。

变流器内的功率流动由发电机的运行工况决定，当双馈异步发电机运行于次同步状态时，发电机转子将从直流环节吸收有功功率，此时的机侧变流器运行于逆变状态；直流环节电容电压将会降低，网侧变流器需要运行于整流状态以维持电压在给定值。也就是说，在次同步状态时，变流器中的有功功率从电网流向发电机转子。反之，当发电机运行于超同步状态时，转子有功功率则从发电机流向电网，此时机侧变流器运行于整流状态，而网侧变流器运行于逆变状态。转子励磁电流的频率主要由机侧变流器控制。

采用三相全控桥电压源型PWM逆变器，用IGBT与反并联二极管作为开关元器件，能量可以双向流动，导通电阻忽略不计，开关频率远大于电网频率，即不考虑高次谐波的影响。直流侧并联有大电容，用来缓冲能量交换。

网侧PWM逆变器交流侧三相电压为

$$C_{\frac{3S}{2S}} = \sqrt{\frac{2}{3}} \begin{bmatrix} 1 & -\dfrac{1}{2} & -\dfrac{1}{2} \\ 0 & \dfrac{\sqrt{3}}{2} & -\dfrac{\sqrt{3}}{2} \end{bmatrix}$$

网侧 PWM 逆变器交流侧三相电流为

$$\begin{bmatrix} f_\alpha \\ f_\beta \end{bmatrix} = C_{\frac{3S}{2S}} \begin{bmatrix} f_a \\ f_b \\ f_c \end{bmatrix}$$

中间直流母线电容的电压为

$$C_{\frac{2S}{2r}} = \begin{bmatrix} \cos\theta_3 & \sin\theta_3 \\ -\sin\theta_3 & \cos\theta_3 \end{bmatrix}$$

式中，θ_3 为定转子之间的旋转角度。

变流器一般有如下两个工作状态：

(1)整流状态。根据 Boost 变流器的工作原理，当直流侧电压大于输入交流侧线电压的幅值时，变流器工作在单位功率因数的工况下，其输入电流相当于电网电压，向机侧变流器传递有功功率，不交换无功功率。

(2)回馈状态。根据 Buck 变流器的工作原理，当直流侧电压大于输出负载线电压幅值时，变流器工作在功率因数为 –1 的工况下，其输入电流相当于反向电网电压，接收机侧变流器传递过来的有功功率，不交换无功功率。

当电网侧的电流与电网电压相位不同时，变流器可以用作静止无功功率发生器或者有源电力滤波器。

2.2　低风速风力发电机组结构动力学设计理论

在低风速风资源开发中，风力发电机组日益向大型化、柔性化方向发展，要使风力发电机组安全可靠地工作，风力发电机组就需要具有良好的动态特性。风力发电机组是刚柔耦合的多体系统，主要的弹性振动体是叶片和塔架。塔架产生振动的原因主要有以下几个方面：

(1)风轮轴偏离风向，轴向不对称性使各个叶片上的速度矢量三角形不相等；

(2)风速在风轮扫掠面上分布不均匀(高处和低处有风速差)；

(3)风速有瞬时变化；

(4)风轮旋转时，各叶片所受重力的方向对叶片轴呈连续变化。

风向的变化使风轮轴做调向转动，从而使叶片内部产生陀螺应力。

塔架的振动形式主要有三种，即侧向弯曲振动、前后弯曲振动和扭转振动。这种振动不但会引起塔架的附加应力，影响结构强度，还会影响塔架顶端风轮的变形和振动。

当叶片受周期性干扰力作用时，可能在不同方向发生受迫振动，其可能的振动类型有以下几种：

(1)挥舞，是指叶片在垂直于旋转平面方向上的弯曲振动；

(2)摆振，是指叶片在旋转平面内的弯曲振动；

(3)扭转，是指叶片绕其变桨轴的扭转振动；

(4)复合振动，指弯曲和扭转兼而有之的振动。

塔架的三种振动形式和气动力交织作用，形成气动弹性问题。如果这种相互作用是相互减弱的，则运动稳定，否则会出现颤振和发散。

当风力发电机组在自然风条件下运行时，作用在风力发电机组叶片上的空气动力、惯性力和弹性力等交变载荷，会使弹性振动体叶片和塔架产生耦合振动，其振动形式主要有两种：一是风轮叶片摆振与塔架侧向弯曲耦合振动，风轮叶片挥舞与塔架前后弯曲耦合振动；二是当叶片的旋转频率接近耦合的固有频率时就会出现共振现象，产生较大的动应力，导致结构的疲劳破坏，缩短整机的使用寿命，直接影响风力发电机组的性能和稳定性。

在机械设计中，研究弹性体振动问题的主要目的就是避免共振，具体的机械结构可看成多自由度的振动系统，具有多个固有频率，在阻抗试验中表现为多个共振区，这种在自由振动时结构所具有的基本振动特性称为结构模态。结构模态是由结构本身的特性和材料特性决定的，与外载荷等条件无关。用有限元法求解动力学问题的基本步骤如下：

(1)连续区域的离散化。

在动力学分析中，因为引入了时间坐标，处理的是四维 (x,y,z,t) 问题。在有限元分析中一般采用部分离散的方法，即只对空间域进行离散。

(2)构造插值函数。

由于只对空间域进行离散，单元内位移的插值函数分别为

$$u(x,y,z,t) = \sum_{i=1}^{n} N_i(x,y,z)u_i(t) \tag{2-67}$$

$$v(x,y,z,t) = \sum_{i=1}^{n} N_i(x,y,z)v_i(t) \tag{2-68}$$

$$w(x, y, z, t) = \sum_{i=1}^{n} N_i(x, y, z) w_i(t) \tag{2-69}$$

或写为

$$u = Na \tag{2-70}$$

式中，

$$u = \begin{bmatrix} u(x, y, z, t) \\ v(x, y, z, t) \\ w(x, y, z, t) \end{bmatrix} \tag{2-71}$$

$$N = [N_1, N_2, \cdots, N_n] \tag{2-72}$$

$$N_i = N_i(x, y, z), \quad i = 1, 2, \cdots, n \tag{2-73}$$

$$a = \begin{bmatrix} a_1 \\ a_2 \\ \vdots \\ a_n \end{bmatrix} \tag{2-74}$$

$$a_i = \begin{bmatrix} u_i(t) \\ v_i(t) \\ w_i(t) \end{bmatrix}, \quad i = 1, 2, \cdots, n \tag{2-75}$$

(3)形成系统的求解方程。

基本运动方程为

$$M\ddot{a}(t) + C\dot{a}(t) + Ka(t) = Q(t) \tag{2-76}$$

式中，$\ddot{a}(t)$ 和 $\dot{a}(t)$ 为系统的节点加速度向量和节点速度向量；M、C、K 和 Q 分别为系统的质量矩阵、阻尼矩阵、刚度矩阵和节点载荷向量，并分别由各自的单元矩阵和向量集成，即

$$M = \sum_e M^e \tag{2-77}$$

$$C = \sum_e C^e \tag{2-78}$$

$$K = \sum_e K^e \tag{2-79}$$

$$Q = \sum_e Q^e \tag{2-80}$$

其中，

$$M^e = \int_{V_e} \rho N^{\mathrm{T}} N \mathrm{d}V_e \tag{2-81}$$

$$C^e = \int_{V_e} \mu N^{\mathrm{T}} N \mathrm{d}V_e \tag{2-82}$$

$$K^e = \int_{V_e} B^{\mathrm{T}} D B \mathrm{d}V_e \tag{2-83}$$

$$Q^e = \int_{V_e} N^{\mathrm{T}} f \mathrm{d}V_e + \int_{V_e} N^{\mathrm{T}} \mathrm{d}V_e \tag{2-84}$$

式中，M^e、C^e、K^e 和 Q^e 分别为单元的质量矩阵、阻尼矩阵、刚度矩阵和节点载荷向量。如果忽略阻尼的影响，则运动方程简化为

$$M\ddot{a}(t) + Ka(t) = Q(t) \tag{2-85}$$

如果式(2-85)的右端项为零，则进一步简化为

$$M\ddot{a}(t) + Ka(t) = 0 \tag{2-86}$$

这是系统的自由振动方程，又称为动力特性方程。因为体系按某一振型做自由振动时，搁置点均做简谐振动，所以可设

$$a(t) = A\mathrm{e}^{i\omega t} \tag{2-87}$$

式中，A 为节点位移振幅列矩阵；ω 为固有频率向量。最后得

$$\left(-\omega^2 M + K\right) A = 0 \tag{2-88}$$

(4)求解方程。

对于运动方程求解的主要方法有直接积分法和振型叠加法。直接积分法是在对运动方程进行积分之前不变换方程的形式，而直接进行逐步数值积分。直接积分通常基于两个概念：一是将在求解域 $0 < t < T$ 任何时刻都满足运动方程的要求，

简化为在一定条件(如一段时间内或离散的时间点上)下近似满足;二是在一定数目的 V_i 区域内,假设位移 a 、速度 $\dot{a}$ 和加速度 $\ddot{a}$ 的函数形式。

振型叠加法是在求解运动方程之前,利用系统自由振动的固有频率将方程组转化为 n 个互不耦合的方程,然后分别求解各个独立的运动方程。它可以分解为三个主要步骤进行:①运动方程转化到正则坐标系;②求解单自由度系统的运动方程;③振型叠加得到系统的响应。

2.3 智能控制运行理论

2.3.1 低风速风力发电机组的运行区域

低风速风力发电机组切入风速低、湍流强度大、阵风影响大,应尽可能降低风力发电机组切入风速、解决高湍流和阵风对风轮捕获效率的影响,创新构建机组模型,优化系统控制算法,获得最大功率捕获优化控制策略。

低风速风力发电机组在低风速时能够根据风速变化,在运行中保持最佳叶尖速比,以获得最大风能利用系数;在高风速时利用风轮转速变化,储存或释放部分能量,提高传动系统的柔性,使功率输出更加平稳。低风速风力发电机组的运行根据不同的风况可分为以下三个不同阶段:

第一阶段是启动阶段,发电机转速从静止上升到切入速度。对于目前大多数风力发电机组,只要当作用在风轮上的风速达到启动风速便可实现(发电机被用作电动机来启动风轮并加速到切入速度的情况除外)。在发电机并入电网前,发电机转速由速度控制器 A 根据发电机转速反馈信号与给定信号直接控制;速度控制器 A 在风力发电机组进入待机状态或从待机状态重新启动投入工作时,通过对桨距角的控制,转速以一定的变化率上升,同时控制器也用于控制机组。当发电机转速在同步转速 ±10r/min 内持续 1s 时,发电机将并入电网。

第二阶段是风力发电机组并入电网后运行在额定风速以下的区域,风力发电机组开始获得能量并转换成电能。这一阶段决定了变速风力发电机组的运行方式。从理论上说,根据风速的变化,风轮可在限定的任何转速下运行,以便最大限度地获取能量,但由于受到机械转速的限制,不得不将该阶段分成两个运行区域,即变速运行区域(C_P 恒定区)和恒速运行区域。为了使风轮能在 C_P 恒定区运行,必须设计一种变速发电机,其转速能够被控制以跟踪风速的变化。

发电机并入电网以后,速度控制器 B 作用。速度控制器 B 受发电机转速和风速的双重控制。在达到额定值前,速度给定值随功率给定值按比例增加。额定的速度给定值是 1780r/min,相应的发电机转差率是 4%。如果风速和功率输出一直低于额定值,发电机转差率将降低到 2%,桨距控制将根据风速调整到最佳状态,以优化叶尖速比。

在更高的风速下，风力发电机组的机械和电气极限要求转子速度和输出功率维持在限定值以下，这个限制就确定了变速风力发电机组的第三阶段，该阶段称为功率恒定区。在风速信号输入端设有低通滤波器，桨距控制对瞬变风速并不响应，与速度控制器 A 的结构相比，速度控制器 B 增加了速度非线性化环节。这一特性增加了小转差率时的增益，以便控制桨距角趋于 0°。

对于定速风力发电机组，风速增大，能量转换效率反而降低，而从风力中可获得的能量与风速的三次方成正比，这样对变速风力发电机组来说，有很大的余地可以提高能量的获取。例如，利用第三阶段的大风速波动特点，将风力发电机组转速充分控制在高速状态，并适时将动能转换成电能。

为了有效控制高速变化的风速引起的功率波动，新型的低风速变桨距风力发电机采用了转子电流控制(rotor current control，RCC)技术，即发电机转子电流控制技术。通过对发电机转子电流的控制来迅速改变发电机转差率，从而改变风轮转速，吸收由于瞬变风速引起的功率波动。功率控制系统由两个系统控制环组成，外环通过测量转速产生功率参考曲线。

发电机的参考功率以额定功率百分比的形式给出，在点划线限制的范围内，功率给定曲线是可变的。内环是一个功率伺服环，它通过转子电流控制器对发电机转差率进行控制，使发电机功率跟踪功率给定值。如果功率低于额定功率值，这一控制环将通过改变转差率，进而改变桨距角，使得风轮获得最大功率。如果功率参考值是恒定的，电流参考值也是恒定的。

变速风力发电机组的控制途径就是在低风速段，通过恒定 C_P(或恒定叶尖速比)途径控制风力发电机组，直到转速达到极限，然后按恒定转速控制机组，直到功率达到最大，最后按恒定功率控制机组。而风轮转速随风速的变化情况是在 C_P 恒定区，转速随风速呈线性变化，斜率与 λ_{opt} 成正比。转速达到极限后，便保持不变。当转速随风速增大而减少时，功率恒定区开始，转速与风速呈线性关系，因为在该区域 λ 与 C_P 是线性关系，为使功率保持恒定，C_P 必须设置为与 $1/v^3$ 成正比的函数。

2.3.2　理想状态下的控制策略

根据变速风力发电机组在不同区域的运行，将基本控制策略确定为：低于额定风速时，跟踪 C_P 曲线，以获得最大能量；高于额定风速时，跟踪 C_{Pmax} 曲线，并保持输出稳定。

为了便于理解，先假定变速风力发电机组的桨叶桨距角是恒定的。当风速达到启动风速后，风轮转速由零增大到发电机可以切入的转速，C_P 值不断增大，风力发电机组开始发电运行。通过对发电机转速进行控制，风力发电机组逐渐进入 C_P 恒定区（$C_P = C_{P\max}$），这时机组在最佳运行状态下运行。随着风速的增大，转速亦增大，最终达到一个允许的最大值，这时只要功率低于允许的最大功率，转速便保持恒定。在转速恒定区，随着风速增大，C_p 值减小，但功率仍然增大。达到功率极限后，机组进入功率恒定区，这时随风速的增大，转速必须降低，使叶尖速比减小的速度比在转速恒定区更快，从而使风力发电机组在更小的 C_p 值下恒功率运行。

在 C_P 恒定区，风力发电机组受到给定的功率-转速曲线控制。P_{opt} 的给定参考值随转速变化，由转速反馈算出。P_{opt} 以计算值为依据，连续控制发电机输出功率，使其跟踪曲线变化。用目标功率与发电机实测功率的偏差驱动系统达到平衡。

1. 转速恒定区

如果保持 $C_{P\max}$（或 λ_{opt}）恒定，即使没有达到额定功率，发电机最终也将达到其转速极限。此后风力发电机组进入转速恒定区。在这个区域，随着风速增大，发电机转速保持恒定，功率在达到极值之前一直增大。控制系统按转速控制方式工作。风力发电机组在较小的 λ 区（$C_{P\max}$ 的左面）工作。

2. 功率恒定区

随着功率增大，发电机和变流器将最终达到其功率极限。在功率恒定区，必须通过降低发电机的转速使功率低于其极限。随着风速增大，发电机转速降低，使外接电阻值迅速降低，从而保持功率不变。增大发电机负荷可以降低转速。

因此，要考虑发电机和变流器两者的功率极限，避免在转速降低过程中释放过多功率。例如，把风轮转速降低到 1r/min，按风力发电机组的惯性测算，相当于降低了额定功率的 10%。

由于系统惯性较大，必须增大发电机的功率极限，使之大于风力发电机组的功率极限，以便有足够空间承接风轮转速降低所释放的能量。这样，一旦发电机的输出功率高于设定点，那就直接控制风轮，以降低其转速。因此，当转速慢慢降低，功率重新低于功率极限以前，功率会有一个变化范围。

在高于额定风速时，变速风力发电机组的变速能力主要用来提高传动系统的柔性。为了获得良好的动态特性和稳定性，在高于额定风速的条件下采用桨距控制得到了更为理想的效果。在变速风力发电机组的开发过程中，对采用单一的转速控制和加入变桨距控制两种方法均进行了大量的试验研究。结果表明，在高于额定风速的条件下，加入变桨距调节的风力发电机组，显著提高了传动系统的柔性及输出的稳定性。因为在高于额定风速时，追求的是稳定的功率输出。采用变桨距调节，可以限制转速变化的幅度。当桨距角向增大方向变化时，转速值得到了迅速有效的调整，从而控制了由转速引起的发电机反力矩及输出电压的变化。采用转速与节距双重调节，虽然增加了额外变桨距机构和相应控制系统的复杂性，但由于改善了控制系统的动态特性，仍然被普遍认为是变速风力发电机组理想的控制方案。

参 考 文 献

[1] Lissaman P B S. Energy effectiveness of arbitrary arrays of wind turbines[J]. Journal of Energy, 1979, 3(6): 323-328.

[2] Jensen N O. A Note on Wind Generator Interaction[M]. Roskilde: Riso National Laboratory, 1983.

[3] Larsen G C. A Simple Wake Calculation Procedure[M]. Roskilde: Riso National Laboratory, 1988.

[4] Ainslie J F. Calculating the flowfield in the wake of wind turbines[J]. Journal of Wind Engineering and Industrial Aerodynamics, 1988, 27(1-3): 213-224.

[5] Crespo A, Hernández J, Frandsen S. Survey of modelling methods for wind turbine wakes and wind farms[J]. Wind Energy, 1999, 2(1): 1-24.

[6] Troldborg N. Actuator line modeling of wind turbine wakes[D]. Copenhagen: Technical University of Denmark, 2009.

[7] Ivanell S, Mikkelsen R, Sørensen J N, et al. Stability analysis of the tip vortices of a wind turbine[J]. Wind Energy, 2010, 13(8): 705-715.

[8] Sanderse B, van der Pijl S P, Koren B. Review of computational fluid dynamics for wind turbine wake aerodynamics[J]. Wind Energy, 2011, 14(7): 799-819.

[9] 陈坤, 贺德馨. 风力机尾流数学模型及尾流对风力机性能的影响研究[J]. 流体力学实验与测量, 2003, 17(1): 84-87.

[10] 田琳琳, 赵宁, 钟伟. 风力机尾流相互干扰的数值模拟[J]. 太阳能学报, 2012, 33(8): 1315-1320.

[11] 张晓东, 张镇. 半经验风力机尾流模型的研究[J]. 太阳能学报, 2014, 35(1): 101-105.

第3章 低风速风力发电机组设计方法及准则

由于低风速区风资源具有平均风速小、湍流强度高、环境复杂的特点，低风速风力发电机组的设计要求具有捕风能力强、结构强度高、整体成本低等特性。但是在低风速区捕风能力强，意味着叶片长度更长。叶片长度的增加，带来机组载荷的提升，从而对机组部件承载能力的要求更高，与低成本的目标形成了明显的矛盾。因此，低风速风力发电机组在设计之初，必须根据目标区域的风资源特点，合理定位性能指标，以确保机组对外部资源条件最佳的匹配性和经济性。

功能性和安全性是风力发电机组设计首先考虑的两个基本条件，需考虑自然环境、电网接入要求等多方面因素。其中，风资源条件、海拔、温/湿度等自然环境因素直接影响机组运行载荷和使用寿命；地区电网对机组侧并网性能的要求，在很大程度上决定了机组电气系统的设计准则。经济性是风力发电机组在自由竞争的市场环境下能否得到批量推广应用的关键指标，其最直接的评价标准就是全生命周期内的度电成本。

低风速风力发电机组是针对年平均风速在6.5m/s及以下的风资源开发的风力发电整机装备，可广泛应用于我国中东南部地区。由于地域覆盖范围广、环境差异大，环境和电网等条件对机组要求与常规机型显著不同，低风速风力发电机组开发需建立相应的准则规范。本章将探讨低风速风力发电机组设计方法及准则。

3.1 低风速风力发电机组设计方法

3.1.1 设计内容

低风速风力发电机组是一个可独立运行的智能系统。机组设计按部件类型可分为叶片设计、机械系统设计、电气系统设计、塔筒和基础设计等；按性能指标可分为经济性设计、可靠性设计、环境适用性设计、电网适用性设计、工艺性设计、外观设计等。设计完成后会形成一系列设计文件，包括设计规范、计算报告、机械图纸、电气图纸、技术协议、工艺文件及维护手册等。

1. 部件类型分类

1)叶片设计

叶片是将风能转换为动能的装置，是风力发电机组的动力源。低风速风力发电机组通常采用比常规机型更长的叶片，以提高风能捕获能力，实现低风速风力发电机组发电性能的提升。因此，在叶片设计中更加注重翼型和气动性能的设计。由于国内低风速风电市场的快速发展，国内各叶片供应商在长叶片设计技术上处于领先水平，部分厂商甚至开发了低风速专有翼型。相对国外产品而言，国内低风速风力发电机组适用的叶片产品种类更加丰富。

　　叶片设计的水平将直接影响机组的发电能力和载荷大小，是风力发电机组性能的决定性因素。叶片设计通常又包含截面翼型设计、气动外形设计、结构设计及模具设计等方面。风力发电机组叶片加工工艺与模具如图3-1所示。

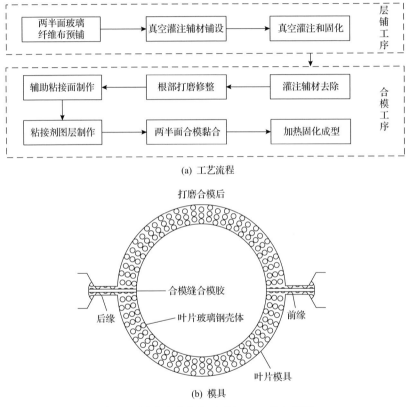

(a) 工艺流程

(b) 模具

图 3-1　风力发电机组叶片加工工艺与模具

　　在叶片结构设计方面，各种优化技术和新材料技术都得以广泛应用。由于长度增加，对叶片自身承载能力的要求提高。因此，在提高气动性能的基础上，如何进行结构的优化设计也是叶片设计的关键内容之一。

　　模具设计是叶片设计转化为产品的关键环节，也是叶片质量得到保证的基础。由于国内市场需求变化加快，叶片产品生命周期缩短，模具设计技术以其快速响应市场的能力在低风速风力发电机组叶片设计中得到广泛应用。

2）机械系统设计

低风速风力发电机组由于湍流强度变化较大，承受的风载荷更大，机械结构部件的设计要求高于传统风力发电机组。并且由于风速风向的复杂多变，对机械部件提出了系统化、一体化设计的设计要求。风力发电机组机械系统大致可分为变桨系统、传动链系统和偏航系统三大部分，分别针对三大系统进行整体的机械部件设计。

变桨系统实现叶片和风轮的连接固定，能够实现叶片绕变桨轴承轴线旋转，并将气动载荷传递至轮毂。变桨系统一般由变桨轴承和变桨驱动组成，目前主流的变桨系统形式为电动变桨和液压变桨。在低风速风力发电机组设计中，由于对变桨系统响应速度和可靠性的要求更高，电动变桨技术应用更为广泛。

如图 3-2 所示，传动链系统一般包含主轴、轴承、齿轮箱等结构，主要作用是将风轮传递过来的载荷进行分解传递。低风速风力发电机组由于长叶片的应用，相比传统机组具有更大载荷，在传动系统承载能力上有更高的要求。国内主要整机厂商及其零部件供应商均在传动系统设计中不断突破创新，尤其是在传动链整体布局设计、低速重载主轴承设计和高传动比齿轮箱设计技术上处于国际先进水平。

图 3-2　风力发电机组传动链系统

偏航系统包含偏航驱动、偏航轴承、偏航制动器等部件，实现偏航对风和塔筒固定连接的作用。图 3-3 为风力发电机组偏航齿轮。由于低风速风资源风向多变的特点，同时风速变化快，低风速风力发电机组偏航系统需要综合考虑各种工况下偏航系统的承载力以及偏航运行和制动中的综合优化，系统提升偏航系统的设计。

3）电气系统设计

风力发电机组中电气系统的主要功能是将机械能转化为电能并输送到电网，同时提供风力发电机组自身运行所需的电源。发电机和变流器是电气系统的两大核心部件。

低风速风力发电机组由于自然和电网环境复杂，对发电机和变流器的设计提出了更高要求。此外，低温冷启、偏航软启等低风速风力发电机组专有设计，也要求电气系统设计能够提供合理方案。

图 3-3　风力发电机组偏航齿轮

4)塔筒和基础设计

塔筒和基础是风力发电机组关键承载部分,是机组安全运行的可靠保障。塔筒多为钢制锥筒结构,而基础大部分采用扩展式基础结构。

低风速风力发电机组因发电性能要求,塔筒要有不同高度以适应地区风资源特点。因此,除常规的 80~100m 高度塔筒外,120~160m 高度的塔筒逐步被推广应用。在结构形式上,除传统的钢制塔筒外,混凝土塔筒和钢-混塔筒也有广泛的应用。

相对而言,陆上风力发电机组的基础形式相对单一,只是在塔筒和基础连接方式上存在基础环式和锚栓式的不同形式。在低风速风力发电机组设计中,锚栓式逐渐取代基础环式,成为市场主流。

2. 性能指标分类

1)经济性设计

风力发电机组的经济性不仅仅指风力发电机组本身的设备采购成本,还包括风力发电机组的塔架、基础、运输、基建以及占地等相关的成本。经济性设计是风力发电机组最为重要的设计内容之一,是当下风力发电机组,尤其是低风速风力发电机组最为重要的竞争力指标之一。

为确保低风速风电场具有开发价值,针对低风速风电场开发的低风速风力发电机组提高性能、降低成本是关键的指标。因此,对风力发电机组的单位千瓦扫风面积、等效小时数指标有特殊的要求,特别是基于风电场全寿命周期的平准化度电成本(levelized cost of energy, LCOE)成为市场最关注的经济性指标。一般地,低风速风力发电机组单位千瓦扫风面积不宜低于 $4.7m^2/kW$。当综合折减系数为 0.7 时,建议低风速风力发电机组等效小时数不低于 2000h。

2) 可靠性设计

低风速风电场风况复杂多样，并且湍流强度、入流角、风切变等风况参数具有特殊性，对机组的安全可靠性有重要的影响。并且低风速风力发电机组塔筒高度越来越高、叶片越来越长，在多因素的耦合作用下机组的可靠性是一个重要的设计因素。风力发电机组常见故障如表 3-1 所示。在设计时必须考虑风力发电机

表 3-1　风力发电机组常见故障

名称	功能	故障模式	故障影响	故障原因
齿轮箱	增速降载	传动机构运转卡滞	齿轮箱无法运转，机组停机，更换齿轮箱	传动机构失效(齿轮轮齿折断、轴承碎裂、轴或行星架断裂)
		输入/输出轴温超限	润滑油润滑性能下降，传动机构磨损加剧，寿命下降	润滑冷却系统功率不足或载荷过大
		传动机构振动过大	齿轮箱工作寿命缩短	传动机构磨损严重，弹性支撑刚度过大
		润滑油泄漏	齿轮箱工作寿命缩短，污染环境	箱体变形开裂，箱体密封老化失效
		空心轴晃动	轴承加速疲劳失效，变桨控制和信号传输中断	空心轴两端安装孔同轴度超差
润滑冷却系统	齿轮箱润滑冷却	齿轮箱入口压力小于限值	齿轮箱传动机构润滑不良，寿命缩短，机组故障停机	系统动力不足(油泵电机失效、联轴节打滑、油泵油封老化失效等)，油温过低等
		润滑油温超限	润滑性能下降，齿轮箱工作寿命缩短	风扇电机失效、散热器堵塞、通风口通风不畅、温控阀失效，润滑油量不足等
		润滑油位低于限值	润滑不足，齿轮箱寿命缩短	系统密封老化失效、箱体密封老化失效等
变桨系统	限制机组载荷，保证机组寿命	备用电源电量不足	叶片无法完全顺桨，机组安全风险大	电源老化失效，储电能力低于设计值
		控制/通信信号传输中断	叶片无法及时顺桨，机组安全风险大	风轮振动过大、机舱振动过大、齿轮箱空心轴晃动等
偏航系统	保持机组捕获到最大风能	偏航过程振动过大	噪声过大，影响周边生产生活环境	偏航制动摩擦副材料减振效果差
	解缆	解缆开关失效	扭缆旋转角度过大	开关本体不动作、编码器失效等
液压制动系统	保护机组安全，机舱横向定位	主轴制动过程火花四溅	引燃机舱，安全风险大	制动片材料制动效果差
		偏航阻尼力矩超限	机舱振动大，制动片工作寿命缩短	偏航回路液压阀调节过量，油温过低
		液压油泄漏	污染环境，制动压力下降	液压系统密封老化失效

名称	功能	故障模式	故障影响	故障原因
主轴承	支撑主轴,并对主轴轴向限位	滚动体/滚道磨损	振动增大	润滑不良
		主轴承底座移动	主轴载荷改变,工作寿命受到影响	固定螺栓连接松动
		主轴承温度超限	润滑性能下降,主轴承寿命缩短	载荷过大,滚动体碎裂或滚道严重磨损
自动润滑系统	减缓变桨轴承与偏航轴承内部滚道磨损,与轮齿齿面磨损	润滑脂泄漏	滚道或轮齿齿面磨损严重,提前失效,吊装更换	润滑脂分配器内部管道堵塞或输脂管堵塞
				回转支承密封结构设计不合理

组的运行可靠性,并贯穿于设计的始终。在设计时形成一套完备的可靠性保障文件,并贯彻执行于制造、测试、运输、保存和运行等环节。

3)环境适用性设计

要根据所研发的低风速风力发电机组的目标市场范围制定科学合理的环境适用性指标,设计时要充分考虑环境温度、海拔、空气湿度、雷暴情况、地震等级等情况,对风力发电机组的相关性能进行有针对性的设计,如风力发电机组构件的低温脆性、电气部件的绝缘及电机的爬坡能力、电机部件的防凝露能力、风力发电机组的防雷和抗震能力等。

4)电网适用性设计

由于低风速风资源间歇性的特点容易对电网造成冲击,电网对风力发电机组的涉网能力要求越来越高,在低风速风力发电机组设计时要充分考虑风力发电机组对电网的适应能力。低风速风力发电机组的电网适用性设计主要包括以下几个方面:

(1)低电压穿越。风力发电机组的低电压穿越能力是指风力发电机组具备不依赖任何外部设备完全自主实现电网电压平衡跌落、不平衡跌落下的低穿能力。低风速风力发电机组在低电压穿越过程中提供的动态无功支撑能力至少要满足国家最新的风电场接入电网技术规定。

(2)高电压穿越。风力发电机组的高电压穿越能力是指风力发电机组应具备不依赖任何外部设备完全自主实现高电压穿越的能力。当风力发电机组的测试点电压处于一定的高电压区间(一般要求为 $1.15U_n \sim 1.3U_n$)时,风力发电机组应能够从测试点电压升高出现的时刻起快速响应,通过无功电流注入支撑电压恢复。在高电压穿越期间,变流器执行机组主控转矩指令,风力发电机组的输出功率应为实际风况对应的变流器输出功率。

(3)其他。风力发电机组的电压适用性、频率适用性、低频谐振运行能力、抗电网闪断能力、抗电网谐波能力、电压不平衡、一次调频能力和电能质量要满足目标市场的涉网要求。

5) 工艺性设计

低风速风力发电机组的设计必须要满足自动化、智能化的工艺性要求。在工艺性设计时要考虑三个层面的要求。首先，在零部件设计时，要保证零部件的自动化制造工艺，如结构件的铸造工艺；其次，要保证风力发电机组具有良好的智能化装配工艺；最后，要保证风力发电机组具有良好的运维工艺，尤其是对于易损件，要有良好的可更换工艺。

6) 外观设计

低风速风力发电机组的外观设计要具有良好的结构性、气动性，同时要满足机组的功能性要求，例如，机舱罩设计时要充分考虑机组的通风散热要求，最后还要兼顾整体的视觉效果。

3.1.2 设计步骤

低风速风力发电机组的设计一般分为五个阶段，即预研设计、概念设计、详细设计、样机试验和推广应用阶段。

1. 预研设计阶段

预研设计阶段是低风速风力发电机组设计最为关键的设计阶段。在预研设计阶段要充分了解和掌握目标低风速风电市场的发展动向和趋势，了解风力发电机组大部件供应链的成熟度和技术发展方向。通过本阶段的深入调研，可精准定位所研发机型的目标市场,制定科学合理并具有竞争力的经济性指标和可靠性指标。

2. 概念设计阶段

概念设计阶段是预研设计阶段和详细设计阶段间的桥梁，是将预研设计阶段的经济性指标和可靠性指标作为设计输入，通过选择合理的技术路线，完成功能性设计和初步的大部件设计及选型工作,确定风力发电机组初步的总体技术参数，完成初步的载荷仿真和部件强度校核。

低风速风力发电机组的载荷计算工况定义、安全系数、结构强度应符合现行国家标准 GB/T 18451.1—2022《风力发电机组 设计要求》的规定。

3. 详细设计阶段

详细设计阶段是将设计转化为最终产品的最后阶段，确定最终载荷，形成部件最后的强度校核，通过图纸、技术协议、物料(BOM)清单、技术规范和工艺性文件的编制形成最终完整的设计资料。

低风速风力发电机组应通过动力学特性的验证，主要包括变桨系统、传动链系统、偏航系统。

4. 样机试验阶段

样机试验阶段是以设计图样、技术要求、工艺及材料为依据组织风力发电机组零部件制造的阶段，检验是否达到设计要求，再进行样机的风电场安装试验。试验的风电场应具备并网条件。在试验中对计算机控制、各安全系统等的可靠性进行考核。计算机应对风力发电机组样机在运行中的各参数进行测量和计算并记录。

5. 推广应用阶段

推广应用阶段是指对已经完成的规划目标执行过程效益作用和影响所进行的系统的客观的分析阶段。通过对投资活动的检查总结，评价项目的成功度并找出成功的经验及失败的原因，总结经验教训，通过及时有效的信息反馈为未来项目的决策和提高投资决策管理水平提出建议。

3.1.3 设计原则

低风速风力发电机组是针对我国风资源特点而研发的一种特殊风力发电机组，同样也需要满足风力发电机组设计的所有原则。首先，低风速风力发电机组的设计必须符合国内外相关的设计标准和设计规范，确保风力发电机组安全性和功能性设计满足最基本的要求；其次，要充分借鉴已运行风力发电机组的实际运行经验，对已运行风力发电机组的高发故障和常见问题进行深入分析，并将成果引进新设计中，避免重复问题再次发生到新风力发电机组上；再次，整个设计要围绕风力发电机组确定的 LCOE 指标进行，严格确保风力发电机组的竞争力指标；最后，要充分考虑未来机组的智能化需求，确保新设计的风力发电机组能够做到少人值守和无人值守。

以下几个设计原则是风力发电机组设计时必须要遵守的。

1. 经济性

由于低风速风资源环境复杂，要提高该区域的风资源开发价值，经济性是低风速风力发电机组整个设计中必须要遵守的原则。经济性指标是低风速风力发电机组在预研设计时结合风电市场的发展趋势、竞争对手的已有产品及在研产品的情况、本公司的战略规划等因素制定的，是衡量风力发电机组设计成败的关键性因素，因此经济性原则是硬指标，在整个设计过程中必须严格遵守。

风力发电机组的经济性不仅仅指风力发电机组本身的设计和采购成本，与风力发电机组相关的成本也应该被充分地考虑到设计中。因此风力发电机组的经济性指标是指风电场生命周期 LCOE，而风电场的寿命周期包括风电场从设计、施工、运营到退役的过程。

2. 可靠性

风力发电机组的可靠性设计与经济性设计是有关联的，如果只追求高可靠性可能会导致风力发电机组经济性低下，影响机组的竞争性，但对于关键点和关键部件的设计一定要确保具有较高的可靠性，因此可靠性设计的关键问题是可靠性指标的分配。风力发电机组是一个较复杂的系统，总体来说其可靠性可表示为

$$R_s = R_y \cap R_r \cap R_a \tag{3-1}$$

式中，R_s 为硬件的可靠度；R_y 为软件的可靠度；R_r 为人的可靠度；R_a 为人对软、硬件无差错操作的概率，很难用一个准确的数学模型表示，只能通过人员操作时的难易程度和硬件、软件的误操作设计来间接体现。

从可靠性设计的角度看，风力发电机组实际上是一个复杂的混联系统，风力发电机组安全链如图 3-4 所示。为了简化设计，可以把风力发电机组等效为一个串联系统，因此其可靠度也可以表示为

$$R_s = \prod_{i=1}^{n} R_i \tag{3-2}$$

风力发电机组可靠性设计的基本内容有以下几个方面：

(1) 确定风力发电机组的可靠性指标及具体量值，包括平均无故障时间、可靠寿命等；

(2) 合理分配风力发电机组各系统和部件的可靠性指标，先分配系统，然后分配给部件；

(3) 把风力发电机组总体可靠性指标按照相应比值，计算出各系统和部件的可靠性。

可靠性的核心是故障，不同的故障所造成的后果不一样，根据不同故障产生的影响程度将风力发电机组分为三种类型：第一类为十分重要的部件或系统，它们的功能至关重要，一旦失效将会对风力发电机组造成重要影响，如风力发电机组的超速等，这部分应保证最高的可靠性，在设计时可考虑增加冗余；第二类为较重要的部件或系统，它们的失效不会对风力发电机组产生严重的影响，因此不要求有较高的可靠性；第三类为不重要的部件或系统，只要求有较低的可靠性。

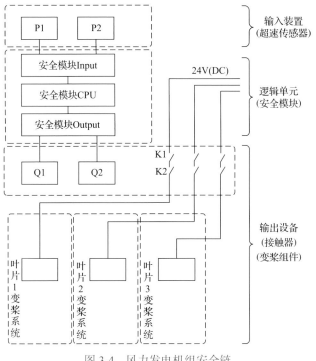

图 3-4　风力发电机组安全链

3. 工艺性

在设计中应保证各部件、整机具有良好的可制造性和易装配性，同时应保证机组在运维阶段具有良好的可维护性，对于一些易损件要有良好的可更换性。

4. 智能性

随着风电技术的不断发展和风电规模的不断扩大，风力发电机组的运维成本不断提高，对运维人员的专业水平要求越来越高。低风速风力发电机组在设计时要充分考虑其本身的智能水平，风力发电机组的状态及故障预警等信息应都能通过远程传送到集控中心，并且风力发电机组能够综合各种信息自主选择科学合理的运行策略(如停机、限功率运行等)，能够尽量做到风力发电机组的少人值守和无人值守。

3.1.4　设计方法

低风速风力发电机组的设计除遵循风力发电机组设计的一般流程外，还需结合自身特点制定专有的设计方法。由于风轮直径不断增大，机组性能和成本的矛盾日益突出，整机设计面临的挑战越来越严峻。此外，风力发电机组整机系统复杂，包括叶片、传动链、变桨、偏航、塔筒、控制等多子系统，发电量、载荷、成本等多个设计指标。而传统的风力发电机组整机设计方法往往局限于各子系统内的优化设计，对不同子系统之间的相互影响考虑不足，难以实现整机系统的最优设计。并且，各子系统间的试验和人工试错迭代存在大量重复性工作，容易出错。

为解决上述问题，低风速风力发电机组设计一般采用一体化优化设计方法，通过集成各个学科(子系统)的模型，建立数据映射关系，应用有效的优化策略，获得系统的整体最优解，从而使研制出的适用于低风速区的风力发电机组更高效、更具有竞争力。从传统设计到一体化设计如图 3-5 所示。

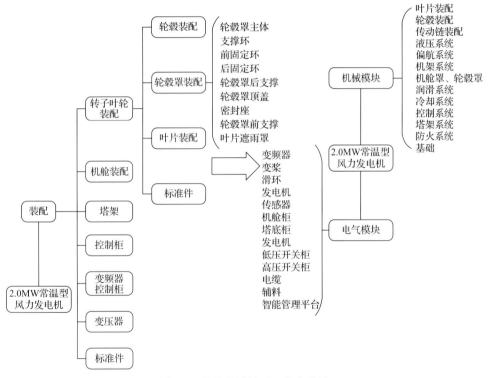

图 3-5　从传统设计到一体化设计

一体化设计是将整机设计按部件划分为不同部分，并建立部件优化模块。在各关键部件优化模块的基础上，基于模型封装和串并联组合技术，可以创建风力发电机组 LCOE 计算模型和整机系统一体化优化设计平台，将机组度电成本最优设定为研发目标，通过研究整机度电成本与主要部件关键参数、载荷之间的关系，深入分析整机系统及其关键部件的主要设计指标对成本优化目标的影响因素，实现风力发电机组各部件设计、性能、载荷、成本的一体化优化设计。

首先，通过各关键部件的试验设计(design of experiment，DOE)分析，筛选出各部件对优化目标敏感度较高的优化变量，搭建全系统优化平台；其次，挖掘各子系统之间的相互影响规律，辨识影响机组度电成本的关键设计因子，获取完整的整机设计输入输出参数关系；再次，通过灵活调整设计变量和优化目标，优化平台更具普适性；最后，在优化平台设计基础上迭代完善部件设计，实现整机系统最优。

3.2　低风速风力发电机组设计准则

3.2.1　低风速风力发电机组等级分类准则

与常规风力发电机组设计一样，低风速风力发电机组设计需根据目标风场的外部条件，确定机组可以适用的环境范围，通常称为风力发电机组等级。一般来说，风力发电机组按可适用的平均风速和湍流强度划分为不同等级。在划分原则上，国内外标准规范基本一致。

国际通用规范 IEC 61400-1: 2019[1]（以下简称 IEC）中对风力发电机组分类的表述如表 3-2 所示，国内标准对风力发电机组等级划分原则与该标准保持一致。

表 3-2　风力发电机组等级基本参数（IEC）

风力发电机组等级	I 类	II 类	III 类	S 类
参考风速 V_{ref} /(m/s)	50	42.5	37.5	
A+类湍流强度 I_{ref}		0.18		
A 类湍流强度 I_{ref}		0.16		根据设计
B 类湍流强度 I_{ref}		0.14		自定义参数
C 类湍流强度 I_{ref}		0.12		

注：表中所列各项参数对应于轮毂中心高度。V_{ref} 为 10min 平均参考风速；A+为超高湍流特性等级；A 为高湍流特性等级；B 为中湍流特性等级；C 为低湍流特性等级；I_{ref} 为平均风速为 15m/s 时的湍流强度的期望值。

国际风电权威机构 DNV·GL（Det Norske Veritas Germanischer Lloyd，原挪威船级社，2012 年与德国劳氏船级社合并）在其发布的风力发电机组设计导则 GL-Guideline 2010[2]（以下简称 GL）中，对风力发电机组等级划分参数稍有不同，具体如表 3-3 所示。

表 3-3　风力发电机组等级基本参数（GL）

风力发电机组等级	I 类	II 类	III 类	S 类
参考风速 V_{ref} /(m/s)	50	42.5	37.5	根据设计
年平均风速 V_{ave}/(m/s)	10	8.5	7.5	自定义参数

风力发电机组等级	I 类	II 类	III 类	S 类
A 类湍流强度 I_{ref}，计算参数 a		0.182		根据设计
B 类湍流强度 I_{ref}，计算参数 a		0.163		自定义参数

注：表中所列各项参数对应于轮毂中心高度。a 为湍流计算公式中的斜率参数，A 类湍流强度中 a 取值为 2、B 类湍流强度中 a 取值为 3。

1. 风速等级

在风速等级定义上，各大标准原则基本一致，按照 10min 参考风速的不同将风力发电机组等级分为 I 类、II 类、III 类和 S 类四类。在 GL 标准中，除 10min 参考风速外还将风力发电机组轮毂中心位置的年平均风速纳入考核，作为另外一项分类指标，但整体分类标准并无差异冲突。

综合不同标准原则，可以根据机型适用的风资源条件将风力发电机组分为不同的等级，具体如下：

（1）将设计参考风速为 50m/s 及以上、适用年平均风速为 10m/s 及以上的风力发电机组定义为 I 类机组；

（2）将设计参考风速为 42.5～50m/s、适用年平均风速为 8.5～10m/s 的风力发电机组定义为 II 类机组；

（3）将设计参考风速为 37.5～42.5m/s、适用年平均风速为 7.5～8.5m/s 的风力发电机组定义为 III 类机组；

（4）除上述三种分类外，由设计者根据具体风资源需求定义风力发电机组适用的风区条件，这种类型的机组可定义为 S 类机组。

2. 湍流强度

两种标准在机组等级定义方法的差别主要体现在湍流强度的区分上，而对应的湍流强度随风速的变化计算方式也有所不同。

IEC 中对正常风廓线模型湍流强度计算公式如下：

$$\sigma_1 = I_{15}\left(0.75V_{hub} + b\right) \qquad (3\text{-}3)$$

式中，I_{15} 为 15m/s 风速下的特征湍流强度；V_{hub} 为轮毂中心位置平均风速；b 取 5.6m/s。

如图 3-6 所示，将不同湍流强度曲线绘制到同一坐标系内，可得到风力发电机组运行风速段（0～30m/s）范围内的湍流强度曲线。

而 GL 中对正常风廓线模型湍流强度采用了不同算法，计算公式如下：

$$\sigma_1 = \frac{I_{15}\left(15 + aV_{hub}\right)}{a+1} \qquad (3\text{-}4)$$

式中，a 值根据表 3-3 规定选取。

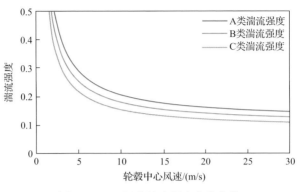

图 3-6　IEC 标准湍流强度分类曲线

如图 3-7 所示，将不同湍流强度曲线绘制到同一坐标系内，可得到风力发电机组运行风速段(0～30m/s)范围内的湍流强度曲线。

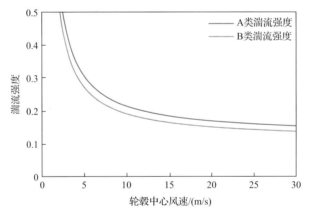

图 3-7　GL 标准湍流强度分类曲线

如图 3-8 所示，将两种规范方法计算得到的湍流曲线放入同一坐标系，对比结果差异。

可见，根据两种标准计算得到的 A 类湍流强度几乎完全重合，最大差值不超过 0.4%，而 B 类湍流强度差异相对较大。其中，在低风速段(平均风速在 10m/s 以下)依据 GL 标准计算得到的湍流强度偏高，而在中高风速段(平均风速为 10～30m/s)依据 IEC 标准计算得到的湍流强度偏高。

目前，在风力发电机组设计中对机组等级定义的 IEC 和 GL 两种标准都是国际通用且被认可的。但是近年来，国内各大认证机构先后获得国际电工委员会认可测试机构(IEC RETL)证书，在风力发电机组认证中也大都推行 IEC 61400 系列标准。

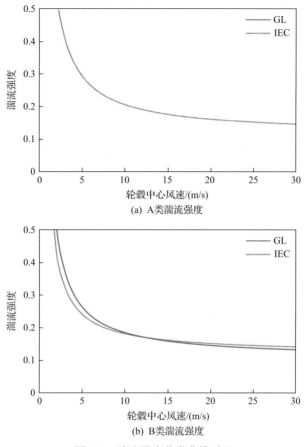

(a) A类湍流强度

(b) B类湍流强度

图 3-8　湍流强度分类曲线对比

3. 低风速风力发电机组等级

低风速风力发电机组设计风速一般小于 6.5m/s；湍流强度与地形地貌相关，从 A 类到 C 类均有涉及；在极限风速方面，既有用于小于标准要求的 37.5m/s 的平原风场，也有用于超过 50m/s 极端风速的东南沿海风场。因此，综合各国际、国内标准规范，低风速风力发电机组等级整体上应归类于 S 类机型。

但由于各地区风资源差异巨大，低风速风力发电机组在性能上存在明显的差异。因此，仅通过 S 类定义低风速风力发电机组等级过于宽泛，应通过风速、湍流强度、海拔等不同维度进行自定义设计，为机组设计预留更大的灵活度，在保证整机安全性的前提下尽可能提高经济性。这种风力发电机组等级定义方式是符合我国风资源国情的最合理方式。

NB/T 31107—2017《低风速风力发电机组选型导则》规定了低风速风力发电机组的等级，如表 1-1 所示。

3.2.2　低风速风力发电机组设计外部条件准则

低风速风力发电机组需根据各种外部条件进行机组设计,因为自然环境和电网环境可能影响机组运行过程中的载荷,进而影响设备使用寿命。因此,为使机组具有合理的安全性和可靠性,外部条件应作为关键设计约束,在机组设计时予以考虑。

外部条件按其属性,大致可以分为以下三类:

(1)风资源条件(如平均风速、极限风速、湍流强度等);

(2)电网接入条件(如频率要求、电压要求、谐波要求等);

(3)其他环境条件(如地基土壤条件等)。

其中,风资源条件在风力发电机组设计中起主要作用,其他两类外部条件也会对机组设计产生一定影响。除此之外,外部条件对风力发电机组设计的影响还要出现概率的影响。

1. 风资源条件

低风速风力发电机组设计应按照设定的机组等级进行详细设计,以保证运行安全。设计文件中应明确机组等级的相关参数。

通常来说,风资源条件由稳定的空气流动与多种工况(如湍流阵风、入流角度等)叠加形成。当湍流模型应用到风资源条件模拟中时,需将风速随时间的变化、风切变、风向变化等因素都包含在内。湍流风矢量沿三维坐标方向的风速定义如下:

纵向方向——沿平均风速方向;

横向方向——沿水平方向且与纵向方向垂直;

竖向方向——与纵向及横向方向均垂直的方向。

而对于标准范围内的风力发电机组等级,湍流风模型应满足如下要求:

(1)湍流模型标准偏差 σ_1 不随高度变化而变化,且在垂直于主风向上两个分量的最小标准差也应满足规范要求。横向方向分量的标准差为 $0.7\sigma_1$,垂直方向分量的标准差 $\sigma_3 \geqslant 0.5\sigma_1$。

(2)纵向方向上的湍流放大系数 $\varLambda_1$ 应根据不同轮毂高度 z 计算得出,即

$$\varLambda_1 = \begin{cases} 0.7z, & z \leqslant 60\text{m} \\ 42, & z > 60\text{m} \end{cases} \tag{3-5}$$

三个正交分量的功率谱密度随着惯性区域内频率的增加,与风速和湍流强度标准差存在一定函数关系,即

$$S_1(f) = 0.05\sigma_1^2\left(\frac{\Lambda_1}{V_{\text{hub}}}\right)^{-\frac{2}{3}}f^{-\frac{5}{3}} \tag{3-6}$$

$$S_2(f) = S_3(f) = \frac{4}{3}S_1(f) \tag{3-7}$$

(3)纵向方向在湍流模型选用上，应考虑分量之间的相干性，如在国际标准IEC中推荐的曼恩(Mann)均匀切变湍流模型等，这会对风力发电机组载荷仿真产生明显的影响。

风资源条件按其出现概率可以分为正常风况和极端风况两种类型。正常风况是指风力发电机组运行期间频繁出现的风况条件，而极端风况是指1年一遇或50年一遇的偶发风况条件。这两种风况对风力发电机组设计的影响则分别体现在极限载荷承载能力和使用寿命方面。

低风速风力发电机组由于设计平均风速相对较低、湍流强度较大，在风资源环境模拟中对各种风况的要求更高，需依据标准和目标风场资源条件详细定义各类风况模型，以保证机组设计的可靠性和经济性。

2. 电网接入条件

风力发电机组将风能转换为电能，再通过变压器提升电压后将电能输送至电网。由于风资源的随机波动性，输送至电网的电能也是随机波动的。因此，在风力发电机组设计中对电网适应性的设计尤为重要。

低风速风力发电机组由于适用风区的特殊性，产生并输送电能的波动更为突出，对电网接入条件的适应能力要求更高，主要体现在高电压穿越、低电压穿越、频率适应能力和电压不平衡适应能力等方面。

1)高电压穿越

高电压穿越(high voltage ride through, HVRT)指在并网点电压升高时，风力发电机能够保持并网，甚至向电网提供一定的无功功率。支持电网恢复，直到电网恢复正常，从而"穿越"这个低电压时间(区域)。

由于一些地区电网条件相对较差，电网不稳定情况所引起的暂态过电压容易导致风力发电机频繁跳闸，要求风力发电机组具备高电压穿越解决方案以保障风力发电机的运行以及电网的稳定。目前，国内尚未正式发布关于风力发电机组高电压穿越的相关标准和规定，但是根据国内外风电场运行经验，风电行业对高电压穿越能力基本形成共识。

2)低电压穿越

低电压穿越(low voltage ride through, LVRT)指在并网点电压跌落时，风力发电机能够保持并网，甚至向电网提供一定的无功功率。支持电网恢复，直到电网恢复正常，从而"穿越"这个低电压时间(区域)。

同样，由于低风速风力发电机组运行环境复杂，对机组低电压穿越能力的要求也更加严苛。国内整机厂商不断进行技术创新，目前甚至将"零穿"纳入机组能力考核的目标范围内。

3)频率适应能力

双馈式风力发电机组是最常见的低风速风力发电机组形式。由于其双馈感应发电机定子直接接入电网，不同电网频率及不同扰动负荷下的电网频率波动都可能对其运行性能和稳定性产生影响。因此，频率适应能力是衡量风力发电机组电网适应性和抗干扰能力的一项重要指标。国家电网公司 GB/T 19963.1—2021《风电场接入电力系统技术规定 第 1 部分：陆上风电》也对接入电网的风力发电机组适应性和抗干扰能力提出了明确要求，如表 3-4 所示。

表 3-4　风电场低电压穿越考核电压

电力系统频率范围/Hz	要求
48～49.5	每次频率低于 49.5Hz 时要求风电场具有至少运行 30min 的能力
49.5～50.2	连续运行
高于 50.2	每次频率高于 50.2Hz 时，要求风电场具有至少运行 5min 的能力，并执行电力系统调度机构下达的降低出力或高周切机策略，不允许停机状态的风力发电机组并网

4)电压不平衡适应能力

由于风力发电机组接入电力系统中可能存在三相不平衡的情况，而这三相之间不平衡的程度称为电压不平衡度，用电压或电流负序分量与正序分量的方均根值百分比表示。对风力发电机组设计而言，需对三相不平衡度具备一定的适应能力。根据 GB/T 15543—2008《电能质量 三相电压不平衡》标准要求，电网正常运行时，负序电压不平衡度不超过 2%，短时不得超过 4%。风力发电机组设计需满足电网在标准限定范围内波动时，机组能够保证连续可靠运行。

对接于公共连接点的每个用户引起该点负序电压不平衡度允许值一般为1.3%，短时不超过 2.6%。根据连接点的负荷状况以及邻近发电机、继电保护和自动装置安全运行的要求，该允许值可进行适当变动。

综上，低风速风力发电机组需具备良好的高电压穿越、低电压穿越、频率适应能力、电压不平衡适应能力等性能，以更好地服务并支撑电网，实现将随机波动的风资源转化为稳定的电能，输出到电网。

3. 其他环境条件

除基本的风资源条件与电网接入条件外，风力发电机组在设计过程中还需要考虑诸多环境条件的影响，以保证机组的安全可靠性能。

可能影响机组安全性和可靠性的外部条件主要包括以下几个方面：

(1)温度；

(2)湿度；

(3)空气密度；

(4)日照辐射；

(5)雨、冰雹、雪和冰；

(6)化学活性物质；

(7)盐雾；

(8)雷电；

(9)地震。

风力发电机组设计应根据典型气候条件变化，确定设计所用的气候条件参数。在选择设计参数时，应考虑几种气候条件同时出现的可能性，但 1 年一遇所对应的整场范围内的气候条件变化不应影响风力发电机组的正常运行。

与风资源条件类似，环境条件也根据其发生概率及对风力发电机组的影响，分为正常环境条件和极端环境条件两类。

1)其他正常环境条件

其他正常环境条件需考虑的因素如下：

(1)风力发电机组正常运行的范围应保持在 $-10\sim40℃$；

(2)最高相对湿度可达 95%；

(3)大气环境等同于无污染气候；

(4)日照辐射密度为 $1000W/m^2$；

(5)空气密度为 $1.225kg/m^3$。

当外部条件作为风力发电机组设计输入参数时，需要在对应的设计文件中给出详细说明。

2)其他极端环境条件

在风力发电机组设计中需考虑的其他极端环境条件如下：

(1)标准等级的风力发电机组需考虑的极端环境温度应至少满足 $-20\sim50℃$；

(2)满足 IEC 相关标准要求的雷电防护性能是标准风力发电机组需考虑的极端环境条件之一；

(3)对有结冰可能的区域，还需考虑风力发电机组结冰带来的影响，但是对于标准等级的风力发电机组，并无结冰厚度要求；

(4)风力发电机组设计需根据目标风场地震情况定义合理的抗震等级，以保证机组运行安全。

　　低风速风力发电机组由于运行环境多位于我国中东南部地区,覆盖了高海拔、台风、地震、冻雨等多种极端气候条件,需要在设计之初明确机组所需承受的外部环境,给定合理的设计范围,使机组兼顾高性能、高可靠性、低成本等优势。

参 考 文 献

[1] IEC 61400-1: 2019. Wind energy generation systems-Part 1: Design requirements[S]. Geneva: IEC, 2019.

[2] Woebbeking M, Lloyd G. The forthcoming GL-Guideline for onshore wind energy—GL 2010[R]. Hamburg: GL, 2010.

第4章　低风速风力发电机组总体系统设计

低风速风力发电机组需要承受温度高、湿度高、年平均风速偏低、湍流强度大、瞬时风速变化大等恶劣条件，因此把低风速风力发电机组的子系统集成为一个具有先进性和经济性的整机系统，同时要做到研制周期短、系统协调运转性能高，这很有难度但非常必要。

4.1　总体技术设计

总体技术设计主要包括总体技术参数设计、总体功能设计、安全性设计、总体布局设计和整机一体化设计。

4.1.1　设计风速

风力发电机组输出的能量与其设计风速密切相关，设计风速一般包括切入风速（V_{in}）、切出风速（V_{out}）、额定风速（V_r）和参考风速（V_{ref}）。

1. 切入风速

切入风速是风力发电机组开始发电时，轮毂高度处的最低风速。

低风速风力发电机组切入风速的设计原则为：①在考虑自耗电及系统损失的前提下，尽可能降低切入风速，以获得尽可能多的发电量；②在低风速时气流持续性差，应将切入风速和切出风速保持一定间隔，避免低风速时频繁启停机，以保证低风速风力发电机组的安全性。

NB/T 31107—2017《低风速风力发电机组选型导则》规定，风力发电机组低于额定功率运行时的自用电功率应小于额定功率的2.5%，切入风速不宜高于3.0m/s。

综上所述，大型低风速风力发电机组的切入风速通常设定为3.0m/s，切出风速设定为2.8m/s，这里的切入风速和切出风速为600s平均值。

2. 切出风速

切出风速是风力发电机组达到额定功率后，轮毂高度处的最高风速。当风速达到切出风速时，需实时停机以保护风力发电机组。

低风速风力发电机组切出风速的设计原则为：①综合考虑发电量与经济性的平衡。切出风速高，可以更加有效地利用风能，但对结构强度和控制系统等方面的设计要求也会随之提高，导致风力发电机组制造成本增加。对于低风速风力发电机组，年平均风速通常小于 6.5m/s，15m/s 的风速概率占比小于 0.43%，较高的切出风速将会使机组设计冗余。②将切出风速和再切入风速保持一定间隔，避免频繁启停机，以保证低风速风力发电机组的安全性。

NB/T 31107—2017《低风速风力发电机组选型导则》规定，低风速风力发电机组切出风速宜高于 18m/s；考虑经济性，切出风速一般情况下取 $V_{out} < 2.5V_r$。

综上所述，大型低风速风力发电机组的切出风速通常设定为 20m/s，切入风速设定为 18m/s。

3. 额定风速

额定风速是风力发电机组达到额定功率时所对应的风速。额定风速与风力发电机组额定功率相对应，直接影响机组的构成和成本。

额定风速设计的主要原则为综合考虑发电量与经济性的平衡。偏高的额定风速会使风力发电机组很少达到额定功率，传动系统、发电机等会经常出现低载荷现象，导致单位能量成本偏高；偏低的额定风速则会加大风轮支撑部件的负载范围，使这些部件的成本相对发电量偏高。因此，风力发电机组额定风速的选择与当地平均风速及发电机组的构成形式相关。

NB/T 31107—2017《低风速风力发电机组选型导则》规定，低风速风力发电机组额定风速不宜高于 10m/s，C_P 最大值不应小于 0.48。

综上所述，大型低风速风力发电机组单位千瓦扫风面积不宜低于 $4.7m^2/kW$，以保证机组具有合适的额定风速和较好的经济性。NB/T 31107—2017《低风速风力发电机组选型导则》推荐了各功率等级机组的风轮直径及单位千瓦扫风面积，具体如表 4-1 所示。

表 4-1　低风速风力发电机组风轮直径及单位千瓦扫风面积

风力发电机组等级	D-Ⅰ	D-Ⅱ	D-Ⅲ
年平均风速/(m/s)	6.5	6	5.5
单位千瓦扫风面积/(m²/kW)	4.7	5.2	5.75
1.5MW 风轮直径/m	95	100	105
2.0MW 风轮直径/m	109	115	121
2.5MW 风轮直径/m	122	129	135
3.0MW 风轮直径/m	134	141	148
等效满负荷小时数/h	2607	2429	2213

注：计算等效满负荷小时数采用的综合折减系数为 0.7。

4. 参考风速

参考风速是风力发电机组极限等级的风速参考，为50年一遇的10min平均风速。

低风速风力发电机组随着叶片加长，极限载荷主导因素是空气密度和湍流强度，参考风速的影响度较小。因此，可采用 IEC 标准 III 类参考风速作为低风速风力发电机组统一设计值。

4.1.2　风轮转速

风轮的输出功率与其转矩和转速有关。当机组额定功率选定时，风轮额定转速和额定转矩成反比，为降低额定转矩，应提高额定转速，但转速过高对风轮的设计不利。因此，需要选择一个合适的风轮转速。

低风速风力发电机组的最佳风轮转速取决于叶片的气动噪声控制。风力发电机组产生的气动噪声正比于叶尖速度的 5 次方，通常将叶尖速度限制在 90m/s 以内。由风轮半径和叶尖速度即可计算出相应的风轮额定转速。

常规风力发电机组(即非低风速风力发电机组)的最佳风轮转速取决于机组的经济性。为了保持较好的气动性能，转速增加将导致叶片重量和成本增加；而同时转速增加会降低风轮面外弯矩，使机舱和塔架成本降低。两者之间的最优方案决定了最佳风轮额定转速的选择。

4.1.3　发电机额定转速

发电机额定转速是其在额定功率时的转速，单位为 r/min。发电机额定转速和转速范围与发电机类型相关，主要分为以下几种。

1. 异步高速发电机组

鼠笼和双馈等发电机，均采用异步高速发电机。根据电机学理论，当异步电机接入频率恒定的电网中时，由定子三相绕组中电流产生的旋转磁场的同步转速取决于电网频率和电机绕组极对数，三者的关系为

$$n_1 = 60 \frac{f}{p} \tag{4-1}$$

式中，n_1 为同步转速(r/min)；f 为电网频率(Hz)；p 为电机绕组极对数。由式(4-1)可求得，4 极电机同步转速为 1500r/min，6 极电机同步转速为 1000r/min。异步电机中旋转磁场和转子之间的相对转速 $\Delta n = n_1 - n$，相对转速与同步转速的比值称为异步电机的转差率(用 s 表示)，即

$$s = \frac{n_1 - n}{n_1} \times 100\% \tag{4-2}$$

双馈异步发电机转子转速一般为 $(1\pm30\%)n_1$。

2. 直驱低速发电机组

直驱低速发电机组应用多级同步风力发电机可以实现在低速下运行。由于采用全功率变流器，发电机转子变速范围为 $10\sim20r/min$。

3. 半直驱中速发电机组

半直驱中速发电机组齿轮箱传动比为 $1\sim40$，发电机转子变速范围为 $40\sim150r/min$。

4.1.4 并网电压

当前，风力发电机组主要有低压、中压和高压三个并网电压等级。其中，低压和中压是目前主流的技术路线。双馈式风力发电机组的技术特点对比如表 4-2 所示。

表 4-2 双馈式风力发电机组技术特点对比

技术方案	发电机定子额定电压	对应发电机技术特点
低压	690V	(1)技术成熟度高。该电压等级的风电电机在国内供应商中具有成熟的设计、工艺、生产及大批量的产品验证。 (2)可靠性高。目前针对该电压等级的大多数配套器件(防雷、接线端子、绝缘电缆等)均经过国内外大量电机用户的多年实际验证，可靠性高，供应商众多，可选择面广。 (3)定子成本低。对成本较高的线圈耐压要求低，绝缘材料用量最少。 (4)定子电流大。将会带来更多的电机损耗
中压	3300V、6600V	(1)技术比较成熟。目前该电压等级的双馈式风力发电机国内应用数量少。 (2)绝缘成本增加。提升电压后，对电机绕组绝缘要求提高，价格略有上升。 (3)器件成本增加。提升电压后，对接线端子、内部电缆、定子防雷器的耐压等级都要同步提升，导致价格略有上升。 (4)可靠性较低。提升电压后，器件间电气间隙、爬电距离都要增大，目前国内电机相关应用经验较少，即使有产品，也缺少风场恶劣工况下的可靠性检验。 (5)定子电流小。电机损耗低，可减小发电机冷却器的功率，缩小冷却器体积。 (6)对定子电缆载流量要求降低，可减小电缆尺寸，减少其数量

1. 低压技术路线

双馈式风力发电机组低压技术路线中发电机定子和转子都采用 690V(AC)的电压等级，其单线原理图如图 4-1 所示。发电机定子和转子同一电压等级方便风力发电机组的并网控制，转子侧通过变流器控制供电和发电，定子侧通过变流器中的并网接触器进行并网控制，不用单独增加定子并网控制装置，并网接触器的动作极限次数一般为 10 万次，可以满足风力发电机组 20 年的设计寿命要求。该方案中风力发电机组和变压器之间为单一电压 690V(AC)，机组自用电变压器通过变流器中的微型断路器来控制。

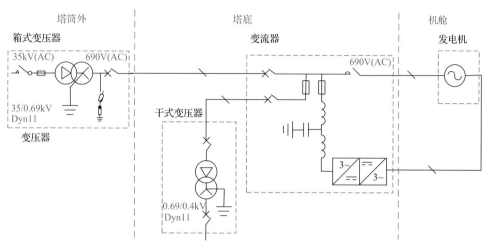

图 4-1 双馈式风力发电机组低压 690V(AC)方案单线原理图

2. 中压技术路线

双馈式风力发电机组中压技术路线中发电机定子采用 3300/6600V(AC)电压等级，转子采用 690V(AC)电压等级，其单线原理图如图 4-2 所示。由于发电

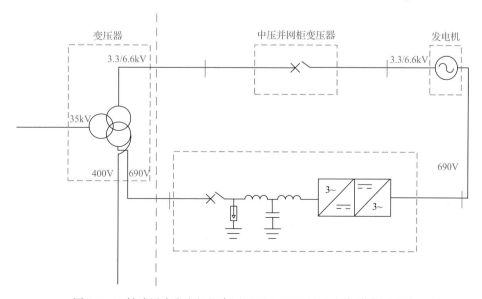

图 4-2 双馈式风力发电机组中压 3300/6600V(AC)方案单线原理图

机定子和转子采用不同电压等级，风力发电机组的并网控制需要采用不同的并网控制模块，转子侧通过变流器控制供电和发电，定子侧通过中压开关柜进行并网控制。目前中压开关柜的并网控制单元为框架断路器，其动作次数一般为 1 万次，无法满足风力发电机组 20 年的设计寿命要求，寿命周期内需更换 2 次并网控制模块。该方案中风力发电机组和变压器之间一般有 2 个电压等级(400V(AC)和 3300/6600V(AC))，机组自用电需通过变压器的 400V(AC)抽头实现，其控制需通过变压器来实现。

4.1.5　塔筒高度

塔筒是风力发电机组中一个承上启下的支撑体，其上承载数百吨重的主机重量，其下与基础连接。塔筒种类主要包括筒式钢塔、筒式混凝土塔和桁架式塔三种结构形式，其中筒式钢塔应用最广。

增加塔筒的高度可以使风力发电机组从高空捕获更多风能，降低湍流所造成的影响，并提高年发电量。风力发电机组的高度每增加一倍，风速增加 10%，风能增加 33%。相应地，塔筒高度增加一倍，为避免塔筒的局部屈曲，塔筒直径和壁厚也要增加，塔筒总重量则至少增加到 4 倍。

因此，塔筒高度的选择需要考虑风力发电机的规格、风电场的风速、安装的具体地理位置和地貌，同时要结合塔筒载荷、寿命和制造成本等因素，综合考虑后选定塔筒高度。

综合考虑风力发电机组运作要求、风电场因素、塔筒性能及经济方面等因素，塔筒的最低高度为

$$H = h + C + R \tag{4-3}$$

式中，H 为最低塔筒高度；h 为接近风力发电机组的障碍物的高度；C 为障碍物最高点到风轮扫掠面最低点的距离，一般最小值取 1.5～2m；R 为风轮半径。

对于风切变大的风电场(风切变指数大于 0.25)，机组尽量选用 120m 以上的高柔塔筒；对于风切变小的风电场(风切变指数小于 0.15)，机组尽量选用保证安全高度的最低塔筒。

4.2　总体布局设计

风力发电机组的总体布局包括各子部件、子系统、附件和设备等的布置，要求综合考虑，特别对于低风速风力发电机组不断大型化，布局应合理、协调、紧凑，保证正常工作和便于维护等要求，并考虑有效合理的重心位置。

4.2.1　总体布局原则

　　风力发电机组的总体布置关系到机组的性能、质量和整机的合理性，也关系到工作的安全和效率。因此，在决定风力发电机组的总体布局时，应注意保证风力发电机组的强度、刚度、抗震性、平衡和稳定性，支撑部件要有足够的刚度。

4.2.2　风力发电机组的典型布局

　　双馈式风力发电机组总体布置多为一字形结构，如图4-3所示。

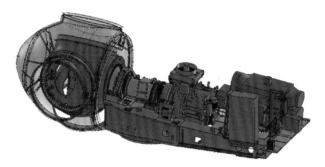

图4-3　一字形总体布局

4.3　低风速独特功能设计

　　对于低风速风力发电机组，主要从高发电量、低度电成本、智能化、高可靠性和易维护性等五个方面进行总体定制化功能设计。

4.3.1　独立变桨

　　对于低风速风力发电机组，随着风轮直径的增大，风轮不平衡载荷会显著增加，致使机组重量增加。因此，需要设计独立变桨控制机构，对机组各个桨叶进行单独控制，有效解决桨叶和塔架等部件的载荷不均匀问题，保证机组的经济性和运行平稳性。

　　独立变桨控制技术需要实现两个功能：一是控制风轮转速，从而实现发电机输出功率控制，即实现传统集中变桨控制功能；二是减小风轮的不均衡载荷，即减小轮毂上的俯仰力矩和偏航力矩。可通过检测3叶片根部挥舞方向载荷，改变每个叶片的桨距角，达到降低叶片根部挥舞载荷及轮毂中心、偏航轴承载荷的目的。因此，独立变桨采用3输入3输出的多变量控制。图4-4为独立变桨控制技术逻辑框图。

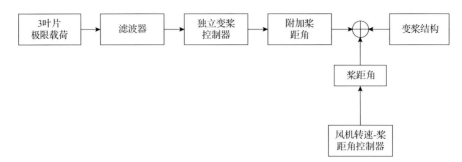

图 4-4 独立变桨控制技术逻辑框图

目前使用经典控制方法设计独立变桨策略，即将 3 叶片弯矩载荷解耦，并分别控制 3 叶片变桨。使用 Coleman 变换进行坐标变换，即

$$
\begin{bmatrix} M_d \\ M_q \end{bmatrix} = \frac{2}{3} \begin{bmatrix} \cos\theta & \cos\left(\theta + \dfrac{2\pi}{3}\right) & \cos\left(\theta + \dfrac{4\pi}{3}\right) \\ \sin\theta & \sin\left(\theta + \dfrac{2\pi}{3}\right) & \sin\left(\theta + \dfrac{4\pi}{3}\right) \end{bmatrix} \begin{bmatrix} M_1 \\ M_2 \\ M_3 \end{bmatrix} \tag{4-4}
$$

式中，θ 为风轮相位角；M 为载荷。

经过 Coleman 变换，将测量的叶片弯矩折算成轮毂的俯仰力矩和偏航力矩；然后设定这两个力矩的控制目标值为 0，通过调整 PI 控制器的参数，俯仰力矩和偏航力矩的数值减小；最后由式(4-5)经过反 Coleman 变换得到桨距角的增量值 β_1、β_2 和 β_3，并叠加到集中变桨算法得到的桨距角上。

$$
\begin{bmatrix} \beta_1 \\ \beta_2 \\ \beta_3 \end{bmatrix} = \frac{2}{3} \begin{bmatrix} \cos\theta & \sin\theta \\ \cos\left(\theta + \dfrac{2\pi}{3}\right) & \sin\left(\theta + \dfrac{2\pi}{3}\right) \\ \cos\left(\theta + \dfrac{4\pi}{3}\right) & \sin\left(\theta + \dfrac{4\pi}{3}\right) \end{bmatrix} \begin{bmatrix} \beta_d \\ \beta_q \end{bmatrix} \tag{4-5}
$$

式中，β 为桨距角。

独立变桨控制器原理图如图 4-5 所示。结果表明，采用独立变桨控制技术后轮毂中心旋转坐标系 M_y、M_z 等效疲劳载荷均减小 10% 以上，其仿真结果如图 4-6 和图 4-7 所示。

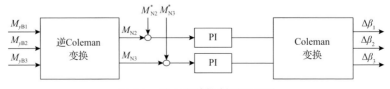

图 4-5 独立变桨控制器原理图

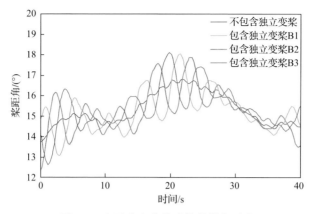

图 4-6 有无独立变桨功能桨距角对比

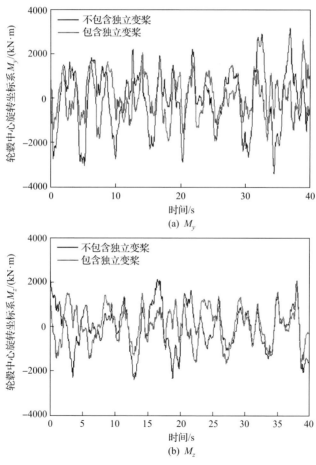

图 4-7 有无独立变桨功能轮毂中心旋转坐标系 M_y、M_z 载荷对比

4.3.2　双模控制

双模控制将双馈机型进行控制优化改进，在高峰段维持双馈机组的转差功率控制模式，以保持高风速段优异的系统效率；在低风速时转换成全功率控制模式，使风轮转速仍可以以最佳风能捕获为目标，从而摒弃了双馈机组低风速段系统效率偏低的缺点。由于风功率与风速的三次方成正比，低风速段机组输出功率较低，双馈机组的转差容量的变频器足以在低风速段满足机组的全功率变换，这使双模控制模式成为可行。

双模控制机组在结构上实现起来也相对容易，仅需在变流器的定子与定子并网接触器之间增加一个定子短接接触器即可实现双模控制，如图 4-8 所示。其中，定子并网接触器和定子短接接触器不能同时闭合，在电气上进行互锁，防止给电网造成短路故障。同时，根据主控的需要，通过控制这两路开关的不同开、关逻辑，可以让系统运行在不同的工作模式下，进而满足不同的风况发电需要。

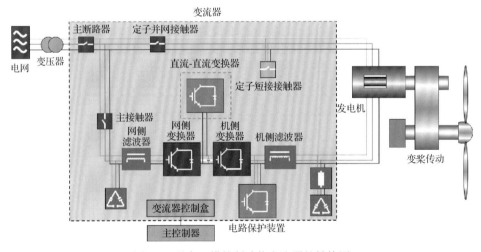

图 4-8　具备双模控制功能变流器的结构图

4.3.3　主控状态监测系统

状态监测系统(condition monitor system, CMS)由振动传感器和数据采集分析系统组成，可实时对机组传动链进行故障预警与诊断分析。某双馈式风力发电机组 CMS 的传感器布点示意图如图 4-9 所示，具体传感器的监测部位及类型如表 4-3 所示。

集成于主控的 CMS 可以实现以下功能：

(1)报警过滤系统。由于集成主控设计，CMS 和主控系统能实时通信，该系统有专设的数据报警过滤系统。这样可以结合风力发电机组运行时的状态对振动数据进行分析和筛选, 提高了 CMS 的报警正确率并降低了漏报率。

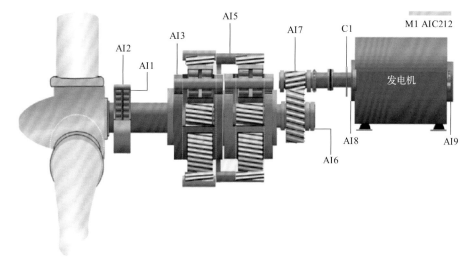

图 4-9 集成主控 CMS 传感器布点示意图

表 4-3 CMS 传感器信息

监测部位	电缆标签/颜色	传感器类型
主轴承径向	AI1-1-1-1-1/橘色	BAM500
主轴承径向	AI2-2-2-2-2/淡青色	my-Bridge
行星级 1 输入端径向	AI3-3-3-3-3/黑色	BAM500
行星级 2 径向	AI5-5-5-5-5/粉色	BAM500
平行级 1 轴向	AI6-6-6-6-6/紫色	BAM100
平行级 2 径向	AI7-7-7-7-7/灰色	BAM100
发电机 DE 端	AI8-8-8-8-8/蓝色	BAM100
发电机 NDE 端	AI9-9-9-9-9/绿色	BAM100
高速端转速	转速表_C1-C1-C1-C1/棕色	RPM 传感器

注: DE 端表示轴伸端; NDE 端表示非轴伸端。

(2)智能化自动报告系统。根据提供模板自动生成报告, 模板可自定义或修改, 提供从单个特征参数到整个风场的各级报告模型, 诊断内容模块化。

(3)智能故障识别系统。系统采用精确到点的自动报警算法, 可以对轴承内外圈、滚动体、保持架, 齿轮啮合、轴弯曲、不对中, 轴承润滑不良等故障进行自动报警, 降低系统对诊断分析人员的依赖, 极大简化故障定位、减少误判、降低监测系统门槛。

（4）智能阈值矫正系统。目前主流的监测系统都采用固定或者分段固定的报警阈值，由于机组之间的差异，固定阈值会出现漏报和误报的问题，该监测系统通过前期的运行会对每台机组自动设立独立的预警阈值，真正做到因地制宜的监测。

4.3.4 全变量监测系统

风力发电机组在设计过程中，需要对部件的载荷、机械强度等进行仿真计算，而如何检验验证这些仿真计算与实际是否相符相对困难。全变量监测系统可有效解决该问题，并能实时掌握机组的运行状态，为机组的维护和延长寿命提供支持。

全变量监测系统有一个主站系统，四个从站系统，每个站都有若干监测变量，监测变量一共有 108 个。主站位于底段塔筒平台上，第三段中段塔筒平台上设置一个从站，顶段即第五段塔筒平台上设置一个从站，机舱内设置一个从站，轮毂内设置一个从站，系统拓扑关系如图 4-10 所示。具有以下功能：

（1）主站系统位于底段塔筒平台上。底段塔筒主站采集的风力发电机组信号有底段塔筒振动信号、底段塔筒内温度信号、底段塔筒弯矩信号、辅助变压器电流信号、底段塔筒内湿度信号。

（2）中段塔筒从站位于第三段塔筒平台上。中段塔筒从站采集的风力发电机组信号有中段塔筒振动信号、中段塔筒弯矩信号、中段塔筒连接螺栓预紧力信号。

（3）顶段塔筒从站位于第五段塔筒平台上。顶段塔筒从站采集的风力发电机组信号有顶段塔筒振动信号、顶段塔筒晃动信号、顶段塔筒温度信号、顶段塔筒弯矩信号、顶段塔筒转矩信号、顶段塔筒连接螺栓预紧力信号。

（4）机舱从站位于机舱内。机舱从站采集的风力发电机组信号有机舱内温度信号、机舱柜电源电流信号、变桨系统电源电流信号、偏航电机电流信号、主轴轴承座内部压力信号、齿轮箱扭力臂位移信号、机架轴承座位移信号、机舱内湿度信号、机舱外大气压信号、主轴承前轴承座径向振动信号、主轴承后轴承座轴向振动信号、齿轮箱 1 级齿圈振动信号、齿轮箱 2 级齿圈振动信号、齿轮箱高速轴振动信号、发电机驱动端轴承振动信号、发电机非驱动端轴承振动信号、机舱外结冰信号。为了方便与轮毂内的从站进行数据信号的无线传输，机舱从站包含一个蓝牙模块，机舱从站的 PLC 模块系统用网线和蓝牙模块连接。

（5）轮毂从站位于轮毂内。轮毂从站采集的风力发电机组信号有轮毂内温度信号、轮毂内湿度信号、轮毂角速度信号、叶片载荷信号、主轴转矩信号、风轮主轴连接螺栓预紧力信号。为了方便与机舱内的从站进行数据信号的无线传输，轮毂从站包含一个蓝牙模块，轮毂从站的 PLC 模块系统用网线和蓝牙模块连接。

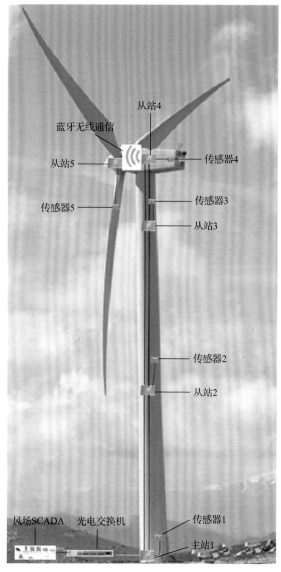

图 4-10 全变量监测系统拓扑图

黑色线：电源线；红色线：光纤；紫色线：传感器线；黄色线：网线；SCADA：监控与数据采集系统

4.4 整机一体化设计

随着风电市场向低风速以及超低风速区的迅速发展，风轮直径不断增大，机组性能和成本的矛盾日益突出，整机设计面临的挑战越来越严峻。风力发电机组整机系统复杂，包括叶片、传动链、变桨、偏航、塔筒、控制等多学科、多子系统，兼顾发电量、载荷、成本等多个设计指标。而传统的风力发电机组整机设计方法往往局限于各子系统内的优化设计，对不同子系统之间的相互影响考虑不足，难以实现整机系统的最优设计，各子系统间的试验和人工试错迭代存在大量重复性工作，容易出错。

为解决上述问题，采用整机一体化优化设计方法，通过集成各个学科(子系统)的模型，建立数据映射关系，应用有效的优化策略，获得系统的整体最优解，从而使研制出的适用于低风速区的风力发电机组更高效、更具有竞争力。

4.4.1 一体化设计方法

1. DOE 法

DOE 法如表 4-4 所示，是一种安排试验和分析试验数据的数理统计方法；DOE 主要对试验进行合理安排，以较小的试验规模(试验次数)、较短的试验周期和较低的试验成本，获得理想的试验结果，从而得出科学的结论。

表 4-4　DOE 法

名称	说明
全因子设计(full factorial design, FFD)	为每个因子指定任意水平数并研究所有因子的所有组合
部分因子设计(fractional factorial design)	取全因子设计中的部分样本进行试验(通常为 1/2、1/4 等)，包括 2 水平、3 水平和混合水平组合
正交数组(orthogonal arrays, OA)	部分因子设计的一种，通过仔细构造试验方案，保证因子的正交性(整齐可比和均匀分散)
拉丁超立方设计(Latin hypercube design, LHD)	每个因子的水平等于点数，并进行随机组合
最优拉丁超立方设计(optimal Latin hypercube design, Opt LHD)	使传统拉丁超立方设计生成的抽样点更加均匀

2. 综合寻优设计法

对多个子目标同时实施最优化的问题称为多目标优化问题(multi-objective optimization problem, MOP)，其方法如表 4-5 所示。

表 4-5　多目标优化问题方法

算法简称	算法全称
加权系数法	该算法为默认的多目标优化问题构造算法
MGE/MGP	基于梯度的快速 Pareto 探索算法(multi-gradient Pareto explorer)
HMG/HMGP	基于遗传和梯度算法的全局 Pareto 探索算法(hybrid multi-gradient Pareto explorer)
NSGA-II	第二代非劣排序遗传算法(non-dominated sorting genetic algorithm)

续表

算法简称	算法全称
NCGA	邻域培植多目标遗传算法（neighborhood cultivation genetic algorithm）
AMGA	存档微遗传算法（archive-based micro genetic algorithm）

由于多目标优化问题中各个目标间是相互冲突的，优化解不可能是单一的解，而是一个解集，称为 Pareto 最优解集，而对应的目标函数空间的像称为 Pareto 前沿，具体定义如表 4-6 和图 4-11 所示。

表 4-6　Pareto 最优解集和 Pareto 前沿的定义

名称	定义
Pareto 最优解	若 $x \in X$（X 为多目标优化的可行域），不存在另一个可行点 $x' \in X$，使得 $f_m(x) \leqslant f_m(x')$（$m = 1, \cdots, M$，M 为子目标总数）成立，且其中至少有一个严格不等式成立，则称 x 是多目标优化的一个 Pareto 最优解（Pareto optimal solution）
Pareto 最优解集	所有 Pareto 最优解构成的集合称为 Pareto 最优解集（Pareto optimal set）。在整个设计可行空间中搜索得到的非劣解集就是 Pareto 最优解集
Pareto 前沿	Pareto 最优解集在目标函数空间中的像称为 Pareto 前沿（Pareto frontier）

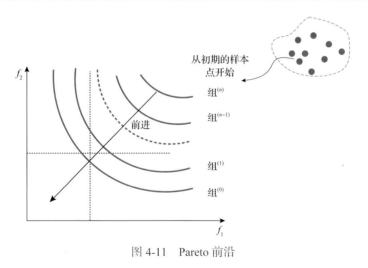

图 4-11　Pareto 前沿

3. 近似模型法

近似模型法（approximation models）是通过数学模型的方法逼近一组输入变量（独立变量）与输出变量（响应变量）的方法。20 世纪 70 年代，Schmit 和 Farshi[1] 在结构设计优化中首次引入了近似模型的概念，加快了优化算法的寻优速度，推动了优化算法在工程领域中的应用，得到了良好的效果。

近似模型用式(4-6)来描述输入变量和输出变量之间的关系：

$$y(x) = \tilde{y}(x) + \varepsilon \tag{4-6}$$

式中，$y(x)$ 为响应实际值，是未知函数；$\tilde{y}(x)$ 为响应近似值，是一个已知的多项式；ε 为近似值与实际值之间的随机误差，通常服从 $(0,\sigma^2)$ 的标准正态分布。

根据优化平台，得出仿真数据库，在此基础上，模拟输入和输出之间的函数关系，搭建近似模型，如图 4-12 所示。

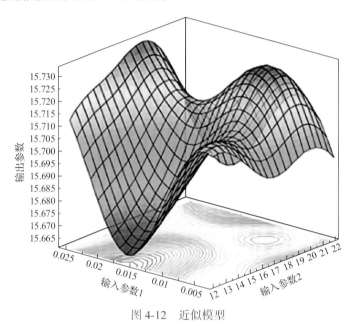

图 4-12　近似模型

4.4.2　主要功能模块设计方法

1. 叶片模块

叶片是把风能转化成机械能的核心部件，成本约占风力发电机成本的 30%，其气动载荷主导风力发电机另外 70% 的主要成本。这意味着，如果叶片通过自身的气动外形和结构设计优化卸掉某些风况带来的有害载荷，就会相应降低传动链上其他部件的载荷，从而使整机用材成本降低。

基于成本对叶片气动和结构进行优化设计，气动设计参数包括弦长、扭角、厚度分布、预弯曲线；结构设计优化变量包括主梁和辅梁、叶根斜角的厚度以及分布等。同时，结合风速分布模型及风速-高度模型，分析研究年发电量、载荷、叶片成本的相互作用；建立一套自下而上的叶片性能优化数值模型，将翼型气动系数分析、叶片气动设计、叶片结构设计等一体化到优化平台中，实现叶片部件自身的气动、结构、载荷、发电量等多学科优化。采用 DOE 技术、多目标优化算法结合近似模型等先进优化策略，并通过集成自编评估代码和商用软件实现叶片全局优化设计，在保证叶片发电效率的同时，最大程度降低叶片载荷及成本，设计流程如图 4-13 所示。

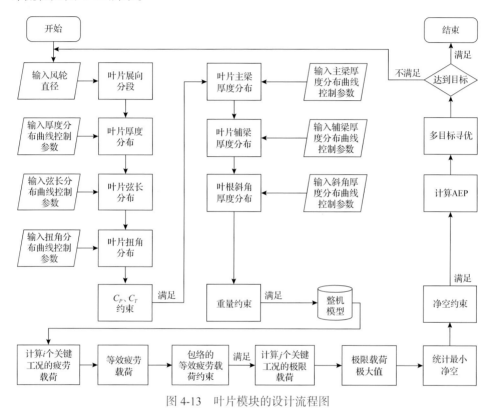

图 4-13　叶片模块的设计流程图

AEP 为年度电能产出值

优化设计的目标如表 4-7 所示，要求机组在满足载荷要求前提下的年能量输出最大。目标函数年发电量 $F(x)$ 定义为

$$F(x) = \overline{p} = \int_{U_{\text{in}}}^{U_{\text{out}}} f_w(U) p(U) \mathrm{d}U \tag{4-7}$$

表 4-7　优化设计目标

响应	目标
年发电量	最大化
质量	最小化

约束条件从多维度保障有效合理的优化范围。翼型的最小相对厚度等约束条

件决定并保证了整个叶片的厚度沿展向分布。

功率系数、额定风速推力系数是最直接表征叶片气动性能的指标，当选择了基础翼型型号和位置以及翼型展向堆叠的方式，包括弦长、扭角等参数，即确定了叶片的气动性能。通过对功率系数、额定风速推力系数的约束，过滤气动性能不优的设计样本，从而保证叶片优化在合理高效的范围内进行，从根本上保障叶片的气动性能。

风电叶片复合材料结构设计需要综合考虑叶片的静强度、疲劳强度、屈曲强度、结构刚度等方面是否满足使用要求，纤维增强复合材料与其他材料相比，静强度及疲劳强度性能优势明显，因此结构刚度在叶片设计中起着主导作用，直接关系到叶片挠度及运行过程中叶片到塔筒的安全距离。因此，选择对净空/挠度进行约束。

优化结果得到一系列 Pareto 前沿点，然后根据整机对叶片载荷的要求，在 Pareto 前沿点中筛选出满足载荷要求的发电性能最好的叶片样本点。

2. 传动链模块

风力发电机组传动系统将机械传动由高转矩、低转速转换成低转矩、高转速。

首先，根据球面滚子轴承类型特点和风力发电机组齿轮箱使用情况，列出应用风电行业轴承和齿轮箱数据库，同时改变主轴设计，通过载荷计算得到轴承和齿轮箱的极限载荷和疲劳载荷，通过载荷在数据库中筛选可用的轴承和齿轮箱，最后通过寻优得到最优化的轴承、齿轮箱和主轴设计，流程图以轴承为例，如图 4-14 所示。

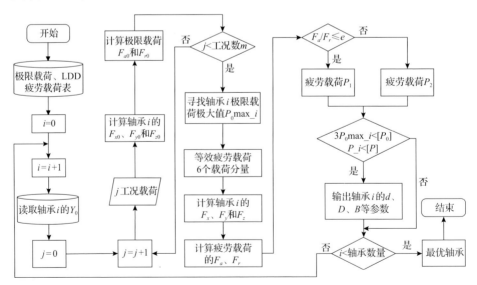

图 4-14 轴承选型流程
LDD 指载荷持续分布

为使轴承上的载荷更接近实际情况，将风力发电机组齿轮箱组作用在轮毂中心的时间序列载荷转化到轴承中心。如图4-15所示，三个距离l_1、l_2、l_3作为变量，选取轮毂中心为参考点，根据力的平衡方程求解浮动轴承和止推轴承上的载荷。

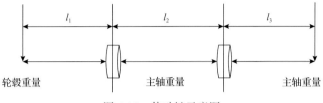

图4-15 传动链示意图

依据风力发电机组产品平台特点、传动链大部件的供应链成熟度、运维经验等情况，以传动链系统的可靠性和经济性为目标，研究风力发电机组传动链的优化设计方法，进行主轴、轴承、齿轮箱等传动链部件的参数化建模，结合传动链选型与成本关系曲线研究，实现传动链大部件的优化选型。

3. 控制与载荷模块

叶片受到的空气动力载荷非常复杂，这些载荷通过轮毂传递到其他部件，如主轴、发电机、主机架、塔筒、基础等，对风力发电机组的工作性能和结构疲劳寿命产生很大的影响。分别建立疲劳载荷模块和极限载荷模块，将控制参数作为输入变量，各部件主要载荷作为优化目标，进行控制参数与机组载荷的优化，载荷模块的控制策略优化如图4-16所示。

极限载荷模块需要在阵风发生工况和故障发生工况两种情况下进行优化与仿真分析，极限载荷工况模块的因子主要是控制参数，如变桨速率、停机收桨速率、比例积分微分(PID)控制参数等。

4. 塔筒模块

通过研究风力发电机组塔筒的优化设计方法，以塔筒及法兰的外形尺寸参数为设计变量，综合考虑塔筒分段长度、塔筒内壁厚度、法兰尺寸等对塔筒的影响，以塔筒的重量最小化为优化目标，实现塔筒部件自身安全与经济的多目标优化，如图4-17所示。

4.4.3 整机系统一体化寻优设计

在上述各关键部件优化模块的基础上，基于模型封装和串并联组合技术，可以创建风力发电机组LCOE计算模型和整机系统一体化优化设计平台，将机组度电成本最优设定为研发目标，通过研究整机度电成本与主要部件关键参数、载荷之间的关系，深入分析整机系统及其关键部件的主要设计指标对成本优化目标的影响因素，实现风力发电机组各部件设计、性能、载荷、成本的一体化优化设计，如图4-18所示。

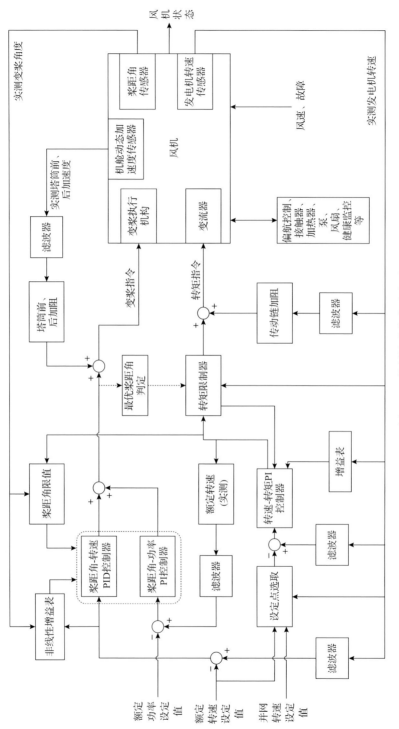

图 4-16　控制策略优化示意图

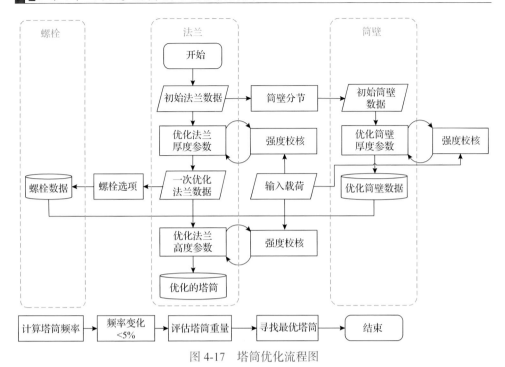

图 4-17　塔筒优化流程图

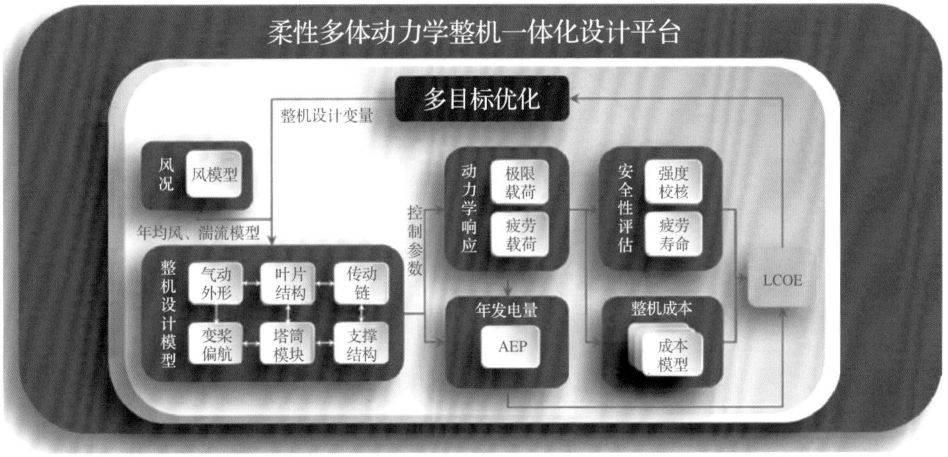

图 4-18　风力发电机组一体化设计平台

1. LCOE 模型

度电成本综合建设成本、运维成本、发电量三方面考虑，细化因素较多，如折现率、税收、贷款利率、保险费、材料费、人工费等，自编程序实现度电成本计算。

风电场动态投资成本计算公式为

$$P_{\text{dynamic\_cost}} = P_{\text{turbine}} + P_{\text{construct}} + P_{\text{construction\_interest}} \tag{4-8}$$

式中，$P_{\text{dynamic\_cost}}$为风电场动态投资成本；P_{turbine}为风力发电机组成本；$P_{\text{construct}}$为风电场施工成本；$P_{\text{construction\_interest}}$为风电场建设期贷款利息。

风力发电机组成本计算公式为

$$P_{\text{turbine}} = P_{\text{turbine\_cost\_per\_kW}} Q_{\text{total}} \tag{4-9}$$

式中，$P_{\text{turbine\_cost\_per\_kW}}$为风力发电机组单位千瓦售价；$Q_{\text{total}}$为风电场装机总容量。

风电场 LCOE 计算公式为

$$\text{LCOE} = \frac{P_{\text{dynamic\_cost}} - \sum_{n=1}^{T_{\text{O\&M}}} \frac{D_{\text{depreciation}} R_{\text{tax}}}{(1+R_{\text{discount}})^n} + \sum_{n=1}^{T_{\text{O\&M}}} \frac{P_{\text{O\&M}}(1-R_{\text{tax}})}{(1+R_{\text{discount}})^n} - \frac{V_{\text{residual\_value}}}{(1+R_{\text{discount}})^{T_{\text{O\&M}}}}}{\sum_{n=1}^{T_{\text{O\&M}}} \frac{E_{\text{annual}}}{(1+R_{\text{discount}})^n}} \tag{4-10}$$

式中，$P_{\text{dynamic\_cost}}$为风电场动态投资成本；$D_{\text{depreciation}}$为风电场固定资产折旧费；R_{tax}为风电场所得税率；$P_{\text{O\&M}}$为风电场运维费用；$V_{\text{residual\_value}}$为风电场固定资产残值；$E_{\text{annual}}$为风电场年发电量；$T_{\text{O\&M}}$为计算 LCOE 的年限；$R_{\text{discount}}$为折现率。

风电场固定资产残值计算公式为

$$V_{\text{residual\_value}} = P_{\text{dynamic\_cost}} R_{\text{residual\_value\_ratio}} \tag{4-11}$$

风电场固定资产折旧费计算公式为

$$D_{\text{depreciation}} = \frac{P_{\text{dynamic\_cost}} - V_{\text{residual\_value}}}{T_{\text{depreciation\_O\&M}}} \tag{4-12}$$

风电场年发电量计算公式为

$$E_{\text{annual}} = \sum_{s=v_i}^{v_0} p_s h_s \tag{4-13}$$

风力发电机年发电小时数计算公式为

$$h_s = 8766 f_s \beta \tag{4-14}$$

式中，f_s为风电场某风速年出现频率；β为折减系数。

2. 整机优化

风力发电机组是风轮转子、传动系统、控制系统、发电机、偏航系统、变桨系统、支撑系统、润滑和冷却系统等多系统产品，其研发设计涉及空气动力学、机械设计、电气、控制、复合材料、多体动力学、结构力学等多学科多门类。系统一体化优化使系统的整体与局部之间的关系协调和相互配合，实现总体的最优运行。

通过各关键部件的 DOE 分析，筛选出各部件对优化目标敏感度较高的优化变量，搭建全系统优化平台，既保证模拟精度，又可以有效节省计算成本，如表 4-8 所示。

表 4-8　设计变量筛选流程

变量	个数	变量内容
初始变量	112	Prated, RotorD, HubH, CONE, Rated-speed.cx[1,0], cx[1,1], cx[2,0], cx[2,1], cx[3,0], cx[3,1], cx[4,0], cx[4,1], deltath1, deltath2, deltath3, deltath4, L1, prebendy[1], prebendy[2], RSy[1], scx[1], scx[2], scx[3], scx[4], scy[1], scy[2], scy[3], scy[4], TEUDx[1], TEUDx[3], TEUDy[2], TEUDy[4], thickx, TILT, tx[1,0], tx[1,1], tx[2,0], tx[2,1], tx[3,0], tx[3,1], tx[4,0], tx[4,1], P_PR_Stop , P_Time_PR_Stop, P_PR_Stop, P_PR_Failsafe, P_Time_PR_Fail, P_GAINP_PS, P_GAINI_PS, P_PIT2, P_DIV2, L1, L2, L3, L4, Tower_Top_D, Tower_Height, Tower_Bottom_D,…
过程变量	55	Prated, RotorD, HubH, L1, cx[2,0], cx[2,1], cx[3,0], cx[3,1], cx[4,1], deltath1, deltath2, deltath3, deltath4, prebendy[2], scx[1], scx[2], scx[4], scy[4], tx[1,0], tx[2,0], tx[2,1], tx[3,0], tx[3,1], tx[4,1],…
最终变量	10	Prated, RotorD, HubH, L1, cx[2,1], deltath2, scx[4], tx[2,0], tx[3,1], Tower_Bottom_D

优化平台在整机设计中起到的重要作用包括以下两个方面：

(1)新机型概念设计。挖掘各子系统之间的相互影响规律，辨识影响机组度电成本的关键设计因子，获取完整的整机设计输入输出参数关系。

(2)机型升级。对于部件升级等问题，可灵活调整设计变量和优化目标，使优化平台更具普适性，更好地服务于系统设计，确保系统最优。

4.5　安全性设计

风力发电机组安全运行是风电场安全生产的重要保证。控制系统、安全系统及防雷设计都是风力发电机组运行安全性的核心。

4.5.1　控制系统

控制系统根据实时运行的诊断数据和预先设置的故障级别，将系统的故障停机主要分为如下三类：

(1)正常停机。主控控制变桨系统、变频器系统按照设定减负荷速度控制转速、转矩，实现机组的正常停机。

(2)快速停机。由于发生了危害机组安全的故障,主控直接控制变桨系统顺桨,快速降低机组负荷,实现安全停机。

(3)安全链停机。独立于主控的后备保护回路,采用"失电动作"设计,有效保护机组的安全,停机条件包括塔底、机舱急停按钮,塔底、机舱控制系统看门狗,变流器故障,电网保护装置动作,机组超速,振动保护动作,扭缆越限等条件。

控制系统实时监视机组的运行状况,控制机组的各类辅机运行,根据各类诊断结果的不同级别,执行包括记录、报警、正常停机、快速停机、安全链动作等各类不同的机组保护方式,同时控制系统将机组信息实时传送至远端的监控中心。

4.5.2　安全系统

1. 安全系统设计原则

(1)若风力发电机组的内部或外部发生故障,或监控的参数超过极限值而出现危险情况,或控制系统失效,风力发电机组不能保持在其正常运行范围内,则激活安全系统,使风力发电机组维持在安全状态。

(2)安全系统的触发值不超过风力发电机组的设计极限值。

(3)安全系统的设计以失效-安全为原则,当安全系统内部电源或者非安全寿命部件发生单一失效或者其他故障时,安全系统能保护风力发电机组的安全不受这些故障的影响。

(4)安全系统包含一套制动系统(气动制动),从而能够使风轮静止或者由运行状态变为空转状态,该制动系统直接作用于风轮。制动系统能够在小于 1 年一遇极端风速的任何风况下,使风轮由空转状态变为完全静止状态。

(5)安全系统逻辑独立且优先于控制系统逻辑,当安全相关的限值被触发或控制系统不能保证设备运行于正常状态时,安全系统被触发。安全系统必须独立于机组控制系统。

(6)如果安全系统已经触发,必须等待相关技术人员完成必要的维护并排除故障之后,才能让风力发电机组重新投入运行。任何与安全系统相关的故障都不能自动复位,也不能自动重新启动风力发电机组。

2. 安全系统设计

一旦安全系统被触发,安全系统需要迅速动作并使机组进入安全状态。一般情况下,应在变桨系统的协助下降低电机转速。高速轴制动只有在急停按钮被触发的情况下才被触发。

安全系统采用以下三个安全级别:

(1)人员级别(Personnel);

(2)偏航系统级别(Yaw);

(3)风力发电机组级别(Turbine)，偏航系统仍然可以运行。

表4-9描述了安全系统中每个传感器的特征，机组控制系统也需要获得这些信号并作为日志储存，协助故障后的分析工作。

表4-9　安全系统传感器

编号	信号	位置
1	急停按钮	塔底控制柜、机舱控制柜
2	偏航限位	安装于机舱偏航机构上的凸轮开关
3	控制器看门狗信号	控制系统
4	超速	安装在机舱齿轮箱低速轴侧的转子转速编码器或感应探头
5	机舱振动	振动传感器
6	过功率	电能模块
7	短路	变流器和电能模块
8	控制器触发安全系统	控制系统

安全系统动作级别分类如表4-10所示。

表4-10　安全系统动作级别分类

安全系统响应级别	安全系统响应			
	变桨系统响应	偏航电机断开	电网和发电机侧断路器打开(变流器)	转子制动动作
人员级别	√	√	√	√
偏航系统级别	√	√		
风力发电机组级别	√			

注：√表示当安全系统发生此情况时需要做出响应的安全系统级别。

安全系统应在机舱控制柜和塔底控制柜各设置一个复位按钮，当无人员进入机组内部评估故障时安全系统应不能被复位。

安全系统执行机构包括制定系统、变桨系统和转子制动。

只有当按下急停按钮后，转子制动可被安全系统直接触发。当急停按钮被按下后，判断低速轴转速低于某一转速时，转子制动被触发。

4.5.3　防雷系统

1. 防雷等级

根据机组的设计高度以及设计的架设位置上的雷电密度，定义低风速风力发电机组的避雷保护系统级别。

2. 防雷分区

机组整机防雷系统按照 IEC 62305-2: 2006《雷电防护 第 2 部分：风险管理》和 IEC 61400-24: 2019《风力发电机组 第 24 部分：雷电防护》标准进行设计，对整机进行防雷分区，分别是 LPZ 0A、LPZ 0B、LPZ1、LPZ2 等。

3. 整机防雷要求

机组接地系统的构建应按照 IEC 61400-24: 2019《风力发电机组 第 24 部分：雷电防护》实施。根据 IEC 61400-24: 2019《风力发电机组 第 24 部分：雷电防护》的建议，机组所有的系统和金属部件必须连接在一起并连接到一个低电阻的接地路径上。

整机分为机舱等电势体与塔底等电势体两部分，机舱和轮毂内的所有金属设备均与机架连接并形成电气通路，塔段间采用等电位连接保证其电气导通性，塔筒与基础环之间采用铜编织带或黄绿铜导线进行连接。

为了防止机舱骨架内的金属部件因雷击造成闪络放电，采用铜编织带将机舱的金属部件进行等电位连接，消除金属部件间的电位差。

4. 整机雷电泄流通道

机组的叶片是整机中最易接闪的部件，为了降低和减少雷击对机组造成的设备损坏及影响，建立整机雷电泄流通道，整机雷电泄流通道的组成及泄流顺序如图 4-19 所示。

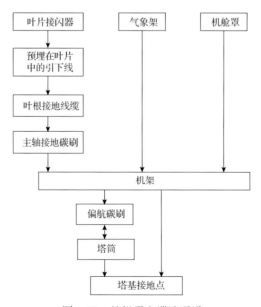

图 4-19 整机雷电泄流通道

　　通过在每个泄流环节采取完善的等电位措施达到等电位并迅速泄放雷电流的目的。

　　以上措施共同保证了双馈式低风速风力发电机组内通信设备和工具的安全运行。

参 考 文 献

[1] Schmit L A, Farshi B. Some approximation concepts for structural synthesis[J]. AIAA Journal, 1974, 12(5): 692-699.

第5章 低风速风力发电机组载荷计算及处理

风力发电机组通过风轮和风之间的相互作用，将风的动能转化成电能。环境风速、湍流、切变、风向改变以及风轮旋转所引起的周期性气动力和动力学因素所导致的循环载荷是机组疲劳载荷的主要来源，也是影响风力发电机组极限载荷的重要因素。

建立精确的风力发电机组多体动力学模型、气动模型、控制模型，结合 IEC 标准对风力发电机组全生命周期载荷进行动态仿真。通过叶片的几何结构、详细的质量分布和翼型参数建立叶片的仿真模型；通过塔架几何结构和质量分布建立塔筒的仿真模型，风轮、传动链、发电机、机舱大致尺寸、质量、惯性矩和重心确定机组的结构动力学模型。另外，对风力发电机组行为动作有影响的电气部件(偏航系统、变桨驱动、发电机等)的特征量以及风力发电机组仿真使用的控制器及其参数表等也需要提前准备。

随着低风速风力发电机组初步设计向详细设计不断推进，机组载荷仿真模型也相应地不断修正，保证设计模型和仿真模型的一致性，通过结构优化、控制策略优化、参数优化实现机组载荷最优、结构最优、发电性能最优。

5.1 载荷概述

5.1.1 载荷分类

陆上风力发电机组的外载荷主要是风载荷。由于风力发电机组包含如叶片、塔筒类的细长部件，这些部件除重力载荷外还有惯性载荷。在多数情况下，风力发电机组上的载荷可以划分为以下几个方面：

(1)叶片气动载荷；

(2)风轮上的重力载荷；

(3)由于旋转产生的离心力和科里奥利力；

(4)由于偏航产生的陀螺力矩；

(5)塔架及机舱上的气动阻力；

(6)塔架及机舱上的重力载荷。

叶片重力载荷产生叶片摆振方向的弯矩，对于变桨控制的风力发电机组，重力载荷将产生挥舞方向的弯矩。由于叶片的旋转，作用在叶片上的重力载荷将会造成弯矩周期性变化。风轮直径越大，叶片质量越重，作用的重力载荷越大。

叶片旋转所产生的离心力作用于向后预锥角的叶片时，可以补偿一些风载荷，同时也能提供更好的刚度。相反，叶片向前的预锥角会导致平均载荷增加，如增加平均挥舞弯矩、减小刚度。

风轮叶片上的载荷响应很大程度依赖于阻尼，总的阻尼是气动阻尼和结构阻尼的组合。气动阻尼取决于如下事项：

(1)翼型及其沿展向布局；

(2)运行条件；

(3)来流风速；

(4)风轮固有频率；

(5)叶片横截面的振动方向；

(6)叶片截面相对于来流的运动。

结构阻尼主要取决于叶片材料。气动载荷响应是升力、阻力与叶片外形特性、阻尼和风轮结构阻尼运动效应联合作用的结果。

1. 惯性载荷及重力载荷

风轮上的惯性载荷及重力载荷与质量有关。截面的离心力 F_c 取决于风轮的角速度、径向位置以及每一个叶片质量。在叶根处的离心力为

$$F_c = \sum_{i=1}^{n} m_i r_i \omega^2 \tag{5-1}$$

式中，m_i 为第 i 个叶片元素的质量(kg)；ω 为风轮角速度(rad/s)；r_i 为离散成 n 段叶片的第 i 个叶片元素的半径(m)。

重力由式(5-2)给出：

$$F_g = \sum_{i=1}^{n} m_i g \tag{5-2}$$

式中，g 为重力加速度。

通常，风轮上的回转载荷对任何弹性支撑风轮都会出现，特别是风力发电机组偏航状态下，回转载荷就会发生，它的发生与结构的特性无关，它将产生绕垂直轴的偏航力矩 M_K，以及在风轮平面内绕水平轴的倾覆力矩 M_G。

对于三叶片风轮，由于回转载荷的影响，偏航力矩的净效果为零，即 $M_K = 0$，此时会产生非零倾覆力矩，$M_G = 3M_G / 2$，此处有

$$M_0 = 2\omega_K \omega \sum_{i=1}^{n} m_i r_i \tag{5-3}$$

式中，ω_K 为偏航角速度；m_i 为第 i 个叶片元素的质量(kg)。

在多数情况下，回转效应是可以忽略的，因为偏航系统的角速度通常很小。但是挠性风轮轴承支撑可能会导致很小的回转力(风轮回转)，而回转力对兆瓦级风力发电机组来讲不能忽略。如果风轮出现倾斜，则 M_K 和 M_G 的计算公式需要进行调整。

2. 气动载荷

1)叶片

在风力发电机组风轮附近的实际风流动是相当复杂的。因此，实践中常用一种简化方法来计算风力发电机组设计中的风轮载荷。

叶片横截面处风速条件如图 5-1 所示。

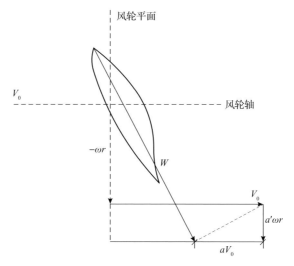

图 5-1　叶片横截面处风速条件

与风轮平面垂直的风速即入流风速 V_0。当风通过风轮平面时，风速由于轴向的干扰，减少一个数量 aV_0。风轮以角速度 ω 旋转，因此距风轮轴线 r 的叶素在风轮平面上将以速度 ωr 运动。当风通过风轮平面时，与运动的风轮相互作用，切向的滑移风速 $a'\omega r$ 被引入，风轮叶片将要经历的相对进流风速的结果(图 5-1)用 W 表示。这个相对风速的结果就在叶片上产生气动力，其中气动升力表达式为

$$F_L = \frac{1}{2} C_L \rho c \omega^2 \tag{5-4}$$

式中，C_L 为升力系数。

气动阻力表达式为

$$F_D = \frac{1}{2} C_D \rho c \omega^2 \tag{5-5}$$

式中，C_D 为阻力系数；ρ 为空气密度；c 为叶片的弦长。

2) 塔架和机舱

塔架和机舱的气动阻力 F_D 可以根据垂直于来流的投影面积 A 进行计算，即

$$F_D = \frac{1}{2} C_D V_0^2 \rho A \tag{5-6}$$

3) 功能性载荷

如果风力发电机组承受一些瞬时运行条件，如制动、偏航或者发电机并网等，就会产生功能性载荷。此外，也会出现来自偏航系统的功能性载荷，最重要的功能性载荷可以按下述分类：

(1) 来自机械和空气动力制动的制动载荷；

(2) 传输系统中的瞬态载荷，如由于发电机投运产生的载荷；

(3) 偏航载荷，如直接由偏航产生的载荷；

(4) 由叶片变桨、气动制动动作以及由控制系统激活产生的载荷。

4) 其他载荷

其他载荷或者需要考虑的载荷效应包括由于塔影、阻尼以及不稳定性(如失速诱导)产生的叶片振动。叶片振动可能在挥舞和摆动两个方向都存在，任何一个模态形状可能被负气动阻尼激活。

对于安装在海上的风力发电机组，必须考虑在海洋环境中可能导致的载荷，如波浪载荷、潮流载荷及冰载荷等。

5.1.2 设计风况和载荷工况

载荷工况以风力发电机组的全生命周期不同运行状态为基础大致分为八种状况，即发电工况，有故障发电工况，启动，正常停机，紧急停机，待机，有故障待机，运输、装配、维护和修理，既有极限载荷的工况也有疲劳载荷的工况。

1. 设计风况

设计风况是确定风力发电机组设计载荷最重要的条件。IEC 标准中定义了三个风况等级——I、II、III，其对应的参考风速从最强(50m/s)到最弱(37.5m/s)。在这些风况等级中又定义了三种湍流强度 A、B 和 C，对应的是高、中和低湍流强度。更特殊的风力发电机组也给出了第四个等级 S 级，其具体的参数由设计者给出。

正常风况是实际风力发电机组运行中会经常遇到的风况，其风速发生的概率

假定按照 Rayleigh 分布描述。

本设计使用的正常风况模型如下：

(1)正常风廓线。IEC 标准中假设风速沿地面高度 z 的变化符合指数为 0.2 的幂指数函数，如式(5-7)所示：

$$V_z = V_{\text{hub}} \left(\frac{z}{z_{\text{hub}}} \right)^\alpha \qquad (5\text{-}7)$$

式中，V_z 为地面高度 z 处风速；V_{hub} 为轮毂高度处风速；z 为 z 方向高度；z_{hub} 为轮毂高度；α 为风切变指数。

(2)正常湍流模型。假设湍流在长度方向上(平均风速方向)的标准偏差为 σ_x，如式(5-8)所示：

$$\sigma_x = I_{\text{ref}}(0.75V_{\text{hub}} + 5.6) \qquad (5\text{-}8)$$

式中，I_{ref} 为风速 15m/s 时的湍流强度；V_{hub} 为轮毂高度处风速。

湍流风的功率谱密度可以是 Mann 谱或 Kaimal 谱。

极端风况是假设风力发电机组在服役期中可能遇到的最不利风况的简化模型，IEC 标准中用到如下六个极端风况。

(1)极端风速模型。

极端风速是指可能但很少发生的很强且持续的风况。根据可能发生的频率定义了两种极端风速，即 50 年一遇的极端风速(V_{e50})和 1 年一遇的极端风速(V_{e1})，其数值以参考风速(V_{ref})为依据：

$$V_{e50}(z) = 1.4V_{\text{ref}} \left(\frac{z}{z_{\text{hub}}} \right)^{0.11} \qquad (5\text{-}9)$$

$$V_{e1}(z) = 0.8V_{e50}(z) \qquad (5\text{-}10)$$

式中，V_{e50} 约为参考风速 V_{ref} 的 1.4 倍；V_{e1} 约为 50 年一遇极端风速 V_{e50} 的 80%。

(2)极端运行阵风。

极端运行阵风是指在风力发电机组运行时，风速突然剧增，经过很短的时间后又下降的风况。一般认为，极端运行阵风的风速(V_{gust})与湍流强度、湍流尺度和风轮直径相关。此外，还假设阵风开始到结束历时 10.5s。极端运行阵风的风速表达为

$$V_{\text{gust}} = \min \left\{ 1.35(V_{e1} - V_{\text{hub}}); 3.3 \frac{\sigma_1}{1 + 0.1 \frac{D}{\Lambda_2}} \right\} \qquad (5\text{-}11)$$

式中，V_{gust} 为极端运行阵风的风速；V_{hub} 为轮毂高度处风速；σ_1 为风速标准偏差；D 为风轮直径；Λ_2 为湍流尺度参数。

(3) 极端涡流模型。

极端涡流模型为

$$\sigma_1 = CI_{ref}\left[0.072\left(\frac{V_{ave}}{C} + 3\right)\left(\frac{V_{hub}}{C} - 4\right) + 10\right] \tag{5-12}$$

式中，V_{ave} 为平均风速；C 为常数，取值为 2。

(4) 极端风向改变模型。

极端风向改变的定义方式类似于极端运行阵风，即短时间内风向发生很大的变化。

极端风向变化值为

$$\theta_e = \pm\arctan\frac{\sigma_1}{V_{hub}\left(1 + 0.1\dfrac{D}{\Lambda_2}\right)} \tag{5-13}$$

式中，θ_e 是极端风向变化角度，限制在 $\pm180°$ 之间。

瞬时极端风向变化关系式为

$$\theta(t) = \begin{cases} 0, & t < 0 \\ \pm 0.5\theta_e(1 - \cos(\pi t/T)), & 0 \leqslant t \leqslant T \\ \theta_e, & t > T \end{cases} \tag{5-14}$$

(5) 带风向改变的极端连续阵风模型。

带风向改变的极端连续阵风是指在变风向极端相干阵风中，风速的增加与风向的增加同时发生。

风向变化的极端相干阵风幅值 $V_{cg}=15\text{m/s}$。

风速由式(5-15)确定：

$$V(z,t) = \begin{cases} V(z), & t < 0 \\ V(z) + 0.5(1 - \cos(\pi t/T)), & 0 \leqslant t \leqslant T \\ V(z) + V_{cg}, & t > T \end{cases} \tag{5-15}$$

假定风速的上升与风向变化从 $0°$ 到 θ_{cg} 是同步的，由式(5-16)得

$$\theta_{cg}(V_{hub}) = \begin{cases} 180°, & V_{hub} \leqslant 4\text{m/s} \\ \dfrac{720°}{V_{hub}}, & 4\text{m/s} < V_{hub} < V_{ref} \end{cases} \tag{5-16}$$

同步的风向变化关系式(5-17)为

$$\theta(t) = \begin{cases} 0°, & t < 0 \\ \pm 0.5\theta_{cg}(1 - \cos(\pi t / T)), & 0 \leqslant t \leqslant T \\ \pm \theta_{cg}, & t > T \end{cases} \tag{5-17}$$

式中，T=10s。

(6) 极端风切变模型。

极端风切变定义了两个瞬态风切变风况，即水平风切变和垂直风切变。

瞬时垂直风切变为

$$V(y,z,t) = \begin{cases} V_{hub}\left(\dfrac{z}{z_{hub}}\right)^{\alpha} \pm \dfrac{y}{D}\left(2.5 + 0.2\beta\sigma_1\left(\dfrac{D}{\Lambda_1}\right)^{0.25}\right)(1 - \cos(2\pi t/T)), & 0 \leqslant t \leqslant T \\ V_{hub}\left(\dfrac{z}{z_{hub}}\right)^{\alpha}, & \text{其他} \end{cases}$$
$$\tag{5-18}$$

瞬时水平风切变为

$$V(y,z,t) = \begin{cases} V_{hub}\left(\dfrac{z}{z_{hub}}\right)^{\alpha} \pm \dfrac{z - z_{hub}}{D}\left(2.5 + 0.2\beta\sigma_1\left(\dfrac{D}{\Lambda_1}\right)^{0.25}\right)(1 - \cos(2\pi t/T)), & 0 \leqslant t \leqslant T \\ V_{hub}\left(\dfrac{z}{z_{hub}}\right)^{\alpha}, & \text{其他} \end{cases}$$
$$\tag{5-19}$$

式中，β=6.4；T=12s。

2. 载荷工况

在确定风况后的下一步为确定载荷工况。载荷工况以风力发电机组的不同运行状态为基础大致分为以下八种状况：

(1) 发电工况；

(2) 有故障发电工况；

(3) 启动；

(4) 正常停机；

(5) 紧急停机；

(6)待机；

(7)有故障待机；

(8)运输、装配、维护和修理。

很多运行工况不只存在一种载荷工况，它们既有考虑极限载荷的工况也有考虑疲劳载荷的工况。设计载荷工况用以指导重要部件的分析，以保证它们满足要求，需要在后面的机械设计部分采用四种计算：①正极限强度分析；②正疲劳失效分析；③稳定性分析(如屈曲分析)；④变形分析(如净空计算)。根据载荷和部件的尺寸确定最大应力和变形(或挠度)。

5.1.3 载荷及其坐标系

通常可以自行选择坐标系，在后面图中显示用到的坐标系及相应的原点和坐标，为达到简化目的，省略转子轴倾角和锥角的表示。

根据 GL 风力发电机组认证指南，定义用到的坐标系如图 5-2～图 5-7 所示。

1. 叶根坐标系

叶根坐标系的原点在叶片根部，通过转子进行旋转，其朝向转子轮毂的方向是固定的。

2. 弦坐标系

弦坐标系的原点固定于相应弦线与叶片距轴的交叉处，通过转子及本地倾角调整进行旋转。

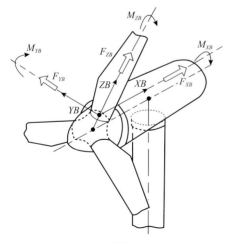

图 5-2 叶根坐标系

XB-风轮旋转轴轴线方向；ZB-叶片径向；YB-垂直于 XB-ZB 平面并使 XB、YB、ZB 符合右手法则的方向

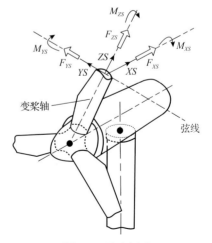

图 5-3 弦坐标系

YS-弦方向，朝向叶片后缘；ZS-叶片距轴方向；XS-与弦垂直，使 XS、YS、ZS 顺时针旋转

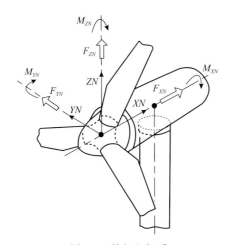

图 5-4　轮毂坐标系

XN-转子轴方向；*ZN*-与 *XN* 向上垂直；*YN*-水平通道，使 *XN*、*YN*、*ZN* 顺时针旋转

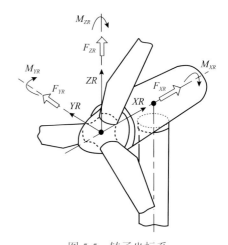

图 5-5　转子坐标系

XR-转子轴方向；*ZR*-径向，朝向转子叶片 1 并与 *XR* 垂直；*YR*-与 *XR* 垂直，使 *XR*、*YR*、*ZR* 顺时针旋转

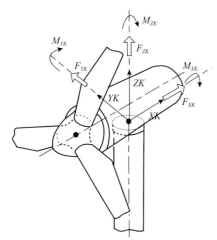

图 5-6　偏航轴承坐标系

XK-与转子轴方向垂直，固定于机舱；*ZK*-向上垂直；*YK*-水平通道，使 *XK*、*YK*、*ZK* 顺时针旋转

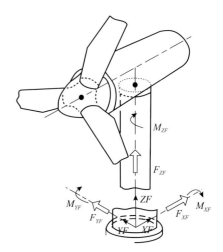

图 5-7　塔架坐标系

XF-水平通道；*ZF*-与塔架轴方向向上垂直；*YF*-水平通道，使 *XF*、*YF*、*ZF* 顺时针旋转

3. 轮毂坐标系

轮毂坐标系的原点固定在转子中心(或转子轴的任何其他位置,如轮缘或主轴承),不通过转子进行旋转。

4. 转子坐标系

转子坐标系的原点固定在转子中心(或转子轴的任何其他位置,如轮缘或主轴承),通过转子进行旋转。

5. 偏航轴承坐标系

偏航轴承坐标系的原点固定在塔架轴与塔架顶端上边缘的交叉处,通过机舱进行旋转。

6. 塔架坐标系

塔架坐标系的原点固定在塔架轴与基座顶端上边缘的交叉处,无旋转。此外,也可能是塔架轴上的其他位置。

5.2   载 荷 分 析

5.2.1   疲劳载荷

疲劳载荷主要是由风力发电机组在正常运行状态下零部件长期承受动载荷而产生的。在此类载荷的作用下,风力发电机组的许多零部件会产生动应力,引起其疲劳损伤。而疲劳破坏是风力发电机组机械零部件和结构件失效的主要形式之一,主要发生在随机载荷和循环变化载荷的共同作用之下,在零部件上局部应力最大的金相组织就会出现裂纹,并逐渐发展成宏观裂纹,引起更大的损伤。

1. 疲劳载荷谱

疲劳载荷谱是建立抗疲劳设计方法的基础。根据研究对象的不同,施加在对象上的疲劳载荷也是不同的,因此在应用时,要依据某种统计分析方法和理论进行分析。

载荷分为静载荷和动载荷两大类。动载荷又分为周期载荷、非周期载荷和冲击载荷。周期载荷和非周期载荷可统称为疲劳载荷。在多数情况下,作用在结构或机械上的载荷是随时间变化的,这种加载过程称为载荷-时间历程。载荷谱是具有统计特性的图形,本质上反映零部件的载荷变化情况。为了估算结构的使用寿命和进行疲劳可靠性分析,以及进行最后设计阶段所必需的零部件疲劳试验,都必须有反映真实工作状态的疲劳载荷谱。

2. 统计方法

对于随机载荷，统计分析方法主要有两类：计数法和功率谱法。由于产生疲劳损伤的主要原因是循环次数和应力幅值，在编谱时首先遵循等效损伤原则，将随机的应力-时间历程简化为一系列不同幅值的全循环和半循环，这个简化的过程称为计数法。功率谱法是借助傅里叶变换，将连续变化的随机载荷分解为无限多个具有特定频率的三角函数，即功率谱密度函数。目前在抗疲劳设计中广泛使用的是计数法。

计数法大致分为两类：单参数法和双参数法。单参数法是指只考虑应力循环中的一个变量，如峰谷值、变程（相邻的峰值与谷值之差）；双参数法则同时考虑两个变量。由于交变载荷本身固有的特性，对于任一应力循环，总需要用两个参数来表示，其代表是雨流计数法。

3. 疲劳累积损伤理论

在疲劳研究过程中，早就提出了"损伤"这一概念。损伤是指在疲劳过程中初期材料内的细微结构变化和后期裂纹的形成与扩展。累积损伤规律是疲劳研究中最重要的课题之一，它是估算变幅载荷作用下结构和零部件疲劳寿命的基础。大多数结构和零部件所受循环载荷的幅值都是变化的，也就是说，大多数结构和零部件都是在变幅载荷下工作的。变幅载荷下的疲劳破坏是不同频率和幅值的载荷所造成的损伤逐渐累积的结果。因此，疲劳累积损伤是有限寿命设计的核心问题。

当材料承受高于疲劳极限的应力时，每一个循环都使材料产生一定的损伤，每一个循环所造成的平均损伤为 $1/N$。这种损伤是可以积累的，n 次恒幅载荷所造成的损伤等于 n/N（循环比）。变幅载荷的损伤 d 等于其循环比之和，即

$$d = \sum_{i=1}^{l} \frac{n_i}{N_i} \tag{5-20}$$

式中，l 为变幅载荷的应力水平等级；n_i 为第 i 级载荷的循环次数；N_i 为第 i 级载荷下的疲劳寿命。

当损伤累积达到临界值 d_f，即 $d = d_f$ 时，就发生疲劳破坏。d_f 为临界损伤和，简称为损伤和。

不同研究者根据他们对累积损伤方式的不同假设，提出了不同的疲劳累积损伤理论。截至目前，已经提出的疲劳累积损伤理论不下数十种。这些理论归纳起来大致可以分为以下四类：

(1)线性疲劳累积损伤理论。这种理论假定材料各个应力水平下的疲劳损伤是独立进行的,总损伤可以线性叠加,最具有代表性的是 Palmgren-Miner 理论,简称 Miner 法则,以及稍加改变的修正 Miner 法则和相对 Miner 法则。

(2)双线性疲劳累积损伤理论。这种理论认为材料疲劳过程初期和后期分别按两种不同的线性规律累积,最具有代表性的是 Manson 的双线性疲劳累积损伤理论。

(3)非线性疲劳累积损伤理论。这种理论假定载荷历程与损伤之间存在相互干涉的作用,即各个载荷所造成的疲劳损伤与其载荷历史有关,最具代表性的是损伤曲线法和 Corten-Dolan 理论。

(4)其他疲劳累积损伤理论。这些理论大多是从试验、观测和分析归纳出来的经验或半经验公式,如 Levy 理论和 Kozin 理论等。

在很多实际结构中,它们常承受随机载荷,其最大和最小应力值经常变化,情况就更为复杂。在工程中最常用的仍为线性疲劳累积损伤理论。

1)Miner 法则

线性疲劳累积损伤理论认为每个应力循环下的疲劳损伤是独立的,总损伤等于每个循环下的损伤之和,当总损伤达到某一数值时,结构件发生破坏。线性疲劳累积损伤理论中最具有代表性的是 Miner 法则,其数学表达式为

$$d = \sum_{i=1}^{l} \frac{n_i}{N_i} = 1 \tag{5-21}$$

当临界损伤和改为一个不是 1 的其他常数时,则称为修正 Miner 法则,其表达式为

$$d = \sum_{i=1}^{l} \frac{n_i}{N_i} = a \tag{5-22}$$

式中, a 为常数。对于风力发电机组零部件,可以参考 GL 认证规范选取数值。

2)相对 Miner 法则

根据对临界损伤和 d_f 的深入研究,发现影响疲劳寿命估算准确性的因素有很多,如损伤的非线性、载荷顺序效应、材料的硬化和软化、裂纹闭合效应等,Miner 法则无法体现这些影响因素。因此,使用同类零部件,对类似载荷谱下的试验值进行寿命估算,就可以大大提高其寿命估算精度,这种方法称为相对 Miner 法则。它把计算和试验结合起来,利用相似谱的试验结果来修正计算的偏差。

相对 Miner 法则基本思想的数学表达式为

$$(N)_p = (N_{cale})_p \frac{(N_{exp})_p}{(N'_{cale})_p} \tag{5-23}$$

式中，$(N)_p$ 为给定可靠度时计算谱的预测寿命；$(N_{\exp})_p$ 为给定可靠度时相似谱的实测寿命；$(N_{\text{calc}})_p$ 为给定可靠度时计算谱的经典方法计算寿命；$(N'_{\text{calc}})_p$ 为给定可靠度时相似谱的经典方法计算寿命。

相对 Miner 法则一方面保留了 Miner 法则中的第一假设，即线性疲劳累积假设，另一方面又避开了累积损伤为 1 的第二假设。考虑了计算模型与实际损伤的差异等非统计不确定性，使疲劳估算结果的准确性得到了提高，能大幅度消除 Miner 法则计算数值引起的误差，提高其计算精度。

4. 雨流计数法

雨流循环计算是用作结构疲劳分析的公认方法，它的优越性是在应力-应变滞后循环的范围内能够适当考虑到应力和应变的交变。雨流计数法是目前在抗疲劳设计和疲劳试验中使用最广泛的一种计数方法，是对随机信号进行计数的一种方法。雨流计数法建立在对封闭的应力-应变迟滞回线逐个计数的基础上，它认为塑性的存在是疲劳损伤的必要条件，从疲劳观点上看，它比较能够反映随机载荷的全过程。

雨流计数法的要点是载荷-时间历程的每一部分都参与计数，且只计数一次，一个大的幅值所引起的损伤不受截断它的小循环的影响，截出的小循环叠加到较大的循环和半循环上。因此，可以根据疲劳累积损伤理论，将等幅试验得到的 S-N 曲线和雨流计数法的处理结果输入电子计算机，进行结构件的疲劳寿命估算便能得出较满意的结果。

在设计风力发电机组时，考虑的疲劳载荷频谱必须包含全风速范围，并且是发电运行的典型载荷循环，循环的数量要正比于各种风速下风力发电机组发电的运行时间。更进一步说，对于机组在启动和停机时的载荷循环，停机过程中如果有必要也需要予以考虑。一般情况下，极限载荷对机组的疲劳寿命不会产生非常明显的影响。

风轮作为风力发电机组的主要承载部件，将风中蕴含的动能转化为机械能。而风力发电机组的风轮主要承受了空气动力、惯性力和重力的作用，叶片的重力载荷会导致叶片产生摆振方向的弯矩，并随着叶片方位角的变化而表现出周期的变化，这就是叶片所承受的主要疲劳载荷。

5.2.2 极限载荷

极限载荷是指风力发电机组在极限的工作状况下所能承受住的最大载荷。此类载荷需要根据载荷的波动情况，考虑其相应的安全系数。

在对风力发电机组设计进行整体结构验证时，不仅要对风力发电机组的疲劳载荷进行分析，还必须分析风力发电机组在运行过程中可能承受到的极限载荷。随着风力发电机组单机容量的增加，风力发电机组的尺寸也会随之增大，因此对风力发电机组极限载荷的分析就显得越来越重要。依照国际 IEC 标准，依据工况对风力发电机组进行设计时，极限载荷是一个非常重要的参数，进行这样的规定是具有现实意义的。迄今为止，风力发电机组失效的主要原因还是各种极限状况的出现，其中严重的甚至无法进行修复。

风力发电机组上的极限载荷通常被定义为最大载荷乘以对应的安全系数。风力发电机组载荷中的随机成分由于没有确定的数学关系，无法对其进行描述表达并预测出其在某个时刻的瞬时值，但是可以通过大量的重复测试，对测试的结果进行归纳总结得出统计规律性。因此，在描述和研究机组随机载荷时，可以采取概率统计的办法归纳总结其中的统计规律性。如果在载荷作用时间上将其周期性部分和随机部分分开，采用基本转动频率的谐函数分析周期性部分，就可以更加清楚地表述风力发电机组所承受的载荷。

在风力发电机组运行时，会受到许多自然因素和本身因素的影响，而使自身受到力和力矩的作用，因此这些因素都是风力发电机组载荷的来源。其中，自然因素主要包括阵风、湍流、风切变等，本身因素主要包括塔影效应、变桨距操作、偏航操作、风轮旋转等。风轮作为风力发电机组的主要承载部件，是风力发电机组载荷的主要来源，其上的载荷会通过机舱、传动系统传递给风力发电机组的其他部件。作为风轮主要部分的叶片，其根部载荷是气动载荷的关键点。面对如此复杂多变的载荷，部件的强度问题就显得非常重要，需要重点考虑。

一般而言，风力发电机组的总体结构需要同时满足极限载荷和疲劳载荷的强度，并且还要满足一定的刚度要求。但是，从组成风力发电机组系统的部件设计角度来看，在风力发电机组的设计过程中，通常要根据具体零部件或结构件的功能和使用要求对其进行独立设计，且相应的设计依据也会有所侧重，以达到理想的效果。

5.2.3 载荷叠加

1. 结冰载荷

当风力发电机叶片表面大量积冰时，由于每个叶片上的冰载荷不同，风力发电机组的不平衡载荷增大，从而降低风力发电机组的零部件寿命，对风力发电机组造成较大的危害。同时，由于积冰厚度不同，叶片原有的气动外形将发生改变，降低风力发电机组的风能利用系数，从而造成发电功率降低，严重时还可造成风力发电机组无法正常启动。因此，在低温地区的风力发电机需要考虑冰载荷的影响。

对于风力发电机组的非旋转部分，假定暴露在外界表面所有面的结冰厚度为 30mm，冰的密度为 700kg/m³。在转子停止的工况条件下，还需要查看转子叶片的所有面是否存在这种程度的结冰情况。

对于风力发电机组的旋转部分，应该考虑所有叶片都结冰和除一个叶片外所有叶片都结冰这两种情况。假设结冰发生在叶片前缘位置，从轮毂转轴到叶轮半径的一半，叶片结冰的质量分布从 0 线性增加到 μ_E，然后保持不变到最后。μ_E 数学表达式为

$$\mu_E = \rho_E k c_{\min}(c_{\max} + c_{\min}) \tag{5-24}$$

式中，μ_E 为转子半径一半处的转子叶片前缘的质量分布(kg/m)；ρ_E 为冰的密度，取值 700kg/m³；$k = 0.00675 + 0.3e^{0.32R/R_1}$，$R$ 为转子半径(m)，R_1 取值 1m；$c_{\max}$ 为最大弦长(m)；$c_{\min}$ 为最小弦长(m)。

2. 地震载荷

对于可能发生地震的区域，应该将地震载荷考虑在内。地震载荷的计算可以参考当地的相关规范。审核地震产生的载荷时，应同时考虑风力载荷与 475 年重现期的地震加速度。

根据 GL 关于地震载荷的要求，需要考虑以下几种情况：

(1)假设在正常运行期间发生地震；

(2)包含地震与地震可能触发的停机程序叠加，应将电网故障及地震触发的振动传感器引发的安全系统激活考虑在内；

(3)将地震与网损的叠加考虑在内。

5.3　载荷计算

风力发电机组是一个特殊的动力学系统，表现在以下几个方面：首先，它是一个周期性系统，风轮的旋转运动将改变风力发电机组的整机几何拓扑结构，使风力发电机组的运动方程含有随时间周期变化的项，这使通常的特征值分析方法无法正确反映风力发电机组整机模态，因此需要采用周期性系统的模态分析方法(如 Floquet 定理等)进行分析；其次，风力发电机组运行于开放空间，风速随机变化引起的激励使整个系统具有较强的随机特性；此外，风在风力发电机组部件上产生的气动载荷与部件的变形之间相互作用，使风力发电机组系统具有气弹耦合现象，如叶片的颤振和发散等，而三维气动效应(如动态失速等)使两者之间的耦合现象变得更加复杂。

　　风力发电机组由叶片、轮毂、机舱、塔架、传动链、电机以及基座等部件组成，根据部件之间不同的柔性，通常划分为两类：一类为刚性部件，包括轮毂、机舱、电机以及基座，它们在风力发电机组的运动过程中变形很小；另一类为柔性部件，包括叶片、塔架和传动链，与刚性部件相反，在风力发电机组运动过程中，它们将产生显著的变形，风力发电机组的柔性主要体现在这些部件上。

　　为了考察不同部件的动力学性能对风力发电机组系统运动产生的影响，需要建立风力发电机组整机的系统动力学模型，并以此进行整机系统动力学分析。如前所述，风力发电机组是一个非线性很强的周期性气弹耦合系统，因此一个完整的风力发电机组系统动力学模型不仅要考虑叶片、轮毂、传动链、发电机和塔架等不同刚度的部件之间的相互作用，还要考虑由外界(风、控制、海浪以及电网反馈)引入的激励，因此建立其系统动力学模型并对风力发电机组的不同部件进行准确的力学载荷仿真是一项很有挑战性的工作。

5.3.1　仿真建模

　　风力发电机组的多体动力学模型在一定程度上具有与物理样机相当的功能真实度。通过对风力发电机组静态及运行时动态的模拟，可以分析并且显示实际风力发电机组整体及零部件的运动和载荷情况，找出风力发电机组运行时的不安全因子，预测潜在的安全隐患，并通过改变各种参数，得到整机及零部件的最佳设计参数。利用多体动力学模型代替物理样机对其候选设计的各种特性进行测试和评价，可减少研发成本，缩短研发时间。

　　多体动力学在风电行业的应用已超过 30 年,随着计算机软硬件技术的发展和数值计算方法的日趋成熟,尤其是在国际风电行业权威认证(如 GL 认证)中强制要求风力发电机组设计必须给出系统动力学分析后,出现了一批风力发电机组多体动力学模拟的商业软件,能很好地模拟风力发电机组整机系统的动力学特性。

　　基于"气动-结构-载荷-控制"多场耦合及柔性多体动力学的风力发电机组高精度建模仿真流程如下：①通过合理假设，将整机系统物理样机简化为数学-物理模型(系统模型拓扑)；②对真实物理样机进行一定假设，系统离散为一系列的刚-柔性体并分别建模；③引入有限元法对柔性体进行离散，并结合多体动力学方法进行刚-柔耦合；④利用多体动力学软件进行分析，对数学-物理模型进行数值求解；⑤对结果进行后处理，将系统中待优化参数提取出来，进行下一步优化分析。风力发电机组载荷仿真流程如图 5-8 所示。

　　一个风力发电机组整机系统，从初始的几何模型到动力学模型的建立，经过对模型的数值求解，最后得到分析结果。计算多体动力学分析的整个流程，主要包括建模和求解两个阶段。建模分别为物理建模和数学建模，物理建模是指由几

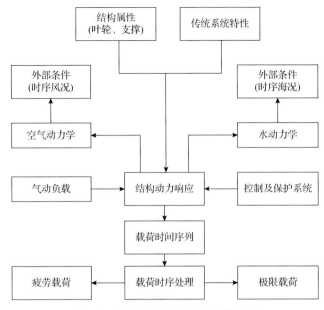

图 5-8　风力发电机组载荷仿真流程

何模型建立物理模型，数学建模是指由物理模型生成数学模型。几何模型可以由动力学分析系统几何造型模块构建，或者从通用几何造型软件导入。对几何模型施加运动学约束、驱动约束、力元和外力或外力矩等物理模型要素，形成表达系统力学特性的物理模型。在物理建模过程中，有时需要根据运动学约束和初始位置条件对几何模型进行装配。由物理模型采用笛卡儿坐标或拉格朗日坐标建模方法，应用自动建模技术，组装系统运动方程中的各系数矩阵，得到系统数学模型。对于系统数学模型，根据情况应用求解器中的运动学、动力学、静平衡或逆向动力学分析算法，迭代求解，得到所需的分析结果。根据设计目标，对求解结果再进行分析，从而反馈到物理建模过程或者几何模型的选择，如此反复，直到获得最优的设计结果。

　　在建模和求解过程中，涉及几种类型的运算和求解。首先是物理建模过程中的几何模型装配，称为初始条件计算，这是根据运动学约束和初始位置条件进行的，是非线性方程的求解问题；其次是数学建模，是系统运动方程中各系数矩阵的自动组装过程，涉及大型矩阵的填充和组装问题；最后是数值求解，包括多种类型的分析计算，如运动学分析、动力学分析、静平衡分析、逆向动力学分析等。运动学分析是非线性的位置方程和线性的速度、加速度方程的求解；动力学分析是二阶微分方程或二阶微分方程和代数方程混合问题的求解；静平衡分析从理论上是一个线性方程组的求解问题，但实际上往往采用能量的方法；逆向动力学分析是一个线性代数方程组求解问题。其最复杂的是动力学二阶微分方程和代数方程混合的求解问题，它是多体动力学的核心问题。

1. 叶片建模

某低风速风力发电机组采用的叶片为 63.2m。在建立其模型时，需要将叶片划分为多个截面，根据设计构想对划分的截面分别输入其几何参数、质量分布及刚度分布等数据，进而完成叶片建模。

所有翼型的气动数据必须包含±180°的 C_L、C_D、C_m；C_L、C_m 曲线大体上关于 y 轴反对称；C_D 曲线大体上关于 y 轴正对称。

叶根螺栓体现在 Additional 标签内，一般位于叶根，为 300～500kg。风轮不平衡包括质量不平衡与气动不平衡，其中质量不平衡主要由叶片制造偏差引起，气动不平衡主要由叶片外形制造偏差和叶片安装角度偏差引起。在载荷计算的所有工况中，都应对这两类风轮不平衡加以充分考虑。

载荷计算中考虑的风轮质量不平衡不应小于叶片供应商对叶片的配重指标，否则可能造成严重的风轮质量偏差，应当在载荷计算的所有工况中予以考虑。

载荷计算中工况使用的假定风轮质量不平衡不应小于±0.3°，即三个叶片的初始角度分别为–0.3°、0°和+0.3°。

2. 塔架和机舱建模

风力发电机组塔架模型的建立方法和叶片模型的建立方法类似，也是将风力发电机组塔架沿着轴向方向分成若干个小段，制定每个小段的直径、厚度、刚度分布和质量分布等数据，从而建立风力发电机组塔架模型。

塔架的建模对系统模态的影响至关重要。材料特性应符合标准钢材的特性(密度为 7850kg/m³，弹性模量为 210GPa)。塔架的附属质量考虑各段法兰的重量。考虑材料密度在标准钢材密度上浮 5%(即 8242.5kg/m³)，空气阻力系数取 0.6。

基础刚度对塔架频率的影响较大，应要求在计算建模中加以考虑，以减少计算偏差。所考虑的基础刚度与转动惯量使塔架一阶频率相对于刚性基础降低 5%左右。

由于风力发电机组的机舱在模拟仿真计算过程中对机组载荷结果的影响不是很大，就没有必要建立精确的机舱模型，以增加系统的复杂程度。在建立机舱模型时，可以采取简化的方法，把机舱看成一个六面体，然后指定其质量、质心的位置、转动惯量等数据即可，这样就可以建立满足仿真要求的机舱模型。

机舱的总体质量应包括其内部部件的质量，包括但不限于主轴及其轴承、齿轮箱、高速轴及机械制动、发电机、机舱底座、机舱罩、控制柜、变流器、变压器、液压系统、偏航驱动及偏航制动系统、通风冷却系统、加热系统及其他附属部件，如起重吊车等。

机舱几何参数、质量中心相对位置参数及机舱相对惯量均在三维设计模型中计算获得。

在载荷计算中应考虑机舱的空气阻力对载荷的影响，空气阻力系数取 1.2。

3. 传动系统建模

在传动系统建模时，也需要设置一些数据，主要包括传动系统的传动形式与传动比、各连接部件的刚度与连接形式、发电机的详细参数、传动过程的机械功率损失、电网参数、电力消耗的功率损失等数据。

传动链的刚度由主要组成部件(主轴、齿轮箱和联轴器)串联而成。传动链的阻尼主要来源于以下几个部分：齿轮箱柔性支撑、主轴(低速轴)材料阻尼、齿轮箱内部阻尼、轴承摩擦阻尼、联轴器阻尼、电机阻尼等。主轴材料阻尼是由于变形引起的，主轴变形量较小，因此主轴提供的阻尼较小，而齿轮箱弹性支撑提供大部分阻尼。

传动链损失包括机械损失和电气损失。决定机械损失的主要是齿轮箱传动效率，电气损失主要指电气元件的损失。

4. 控制系统建模

在风力发电机组的控制系统建模时，需描述机组运行的六种状态，包括启动、正常停机、紧急停机、制动、空转与停机、偏航。

运行控制相关参数主要包括转矩控制表或者最佳增益比、并网转速、最大转速、最大桨距角和变桨速率、最小桨距角和变桨速率、额定转矩和额定发电机转速、功率传感器和转速传感器时间常数、变桨系统参数、制动力矩、使用的变桨执行器和通信时间是否与 ".dll" 文件配套，并且保证所填参数与实际风力发电机参数相同。

监控与数据采集系统(supervisory control and data acquisition, SCADA)监控控制包括对启动、正常停机、紧急停机、空转等模块的定义。

5. 风况建模

1)三维湍流风模型

按照风力发电机组的设计标准，定义三维湍流风场，计算生成三维湍流风模型。模拟生成三维湍流风模型时，假设风为一个长方体，X 为风的长度，Y 为风的宽度，Z 为风的高度，用这个长方体的风模型通过风力发电机组来模拟自然界的风吹过风力发电机组的状况。风模型的宽度必须大于等于风轮直径，高度必须大于等于风力发电机组的最高高度(轮毂高度+风轮半径)，长度必须满足有足够的模拟时间，也就是风模型长度大于平均风速×模拟时间。可以选择 von Karman 和

Kaimal 两种风模型算法，一般选择 Kaimal 模型即可。按照 IEC 标准和 GL 规范，计算生成湍流风文件(*.wmd)。由于湍流是随机产生的，为了确保特征载荷估算的统计可靠性，在仿真中，对于每个轮毂高度处的平均风速，生成的湍流风周期应该足够长，而且需要分别采用若干个随机种子数生成多个不同的风文件。

2)阵风模型

阵风模型也是载荷仿真计算中非常重要的风模型，主要有 4 种阵风模型，即风速变化阵风模型、风向变化阵风模型、水平剪切模型、垂直剪切模型，这 4 种阵风模型可以独立存在，也可以混合存在。为确定风力发电机组的极端风载荷，在仿真计算时要模拟阵风极端风况，包括以下内容：

(1)极端运行阵风。极端运行阵风是指在风力发电机组运行时,风速突然剧增,经过很短的时间后又下降的风况，风速变化曲线如图 5-9 所示。一般认为，50 年一遇的极端运行阵风(V_{gust50})的风速与湍流强度、湍流尺度和风轮直径相关。此外，还假设阵风从开始到结束历时 10.5s。

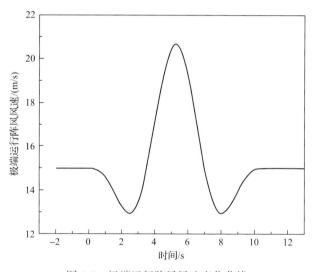

图 5-9　极端运行阵风风速变化曲线

极端运行阵风风速和湍流强度、湍流尺度、风轮直径间的关系如下：

$$V_{\text{gust }N} = \beta \sigma_1 B \tag{5-25}$$

式中，$\beta = 4.8$，$N = 1$；$\beta = 6.4$，$N = 50$；B 为尺度缩减因子。

$$B = \frac{1}{1 + 0.2\dfrac{D}{\Lambda_2}} \tag{5-26}$$

$$\varLambda_1 = \begin{cases} 0.7z_{\text{hub}}, & z_{\text{hub}} < 60\text{m} \\ 42, & z_{\text{hub}} \geqslant 60\text{m} \end{cases} \tag{5-27}$$

$$V(z,t) = \begin{cases} V(z) - 0.37V_{\text{gust }N}\sin(3\pi t/T)(1-\cos(2\pi t/T)), & 0 \leqslant t \leqslant T \\ V(z), & t < 0, t > T \end{cases} \tag{5-28}$$

(2)极端风向改变阵风。极端风向改变的定义方式类似于极端运行阵风，即短时间内风向发生很大的变化。阵风风向按余弦曲线形状持续变化，其幅值和持续时间依赖于重复周期的变化。

(3)极端相干阵风。阵风风速按余弦曲线形状持续变化，其幅值和持续时间依赖于重复周期的变化。

(4)带风向改变的极端连续阵风。即在变风向极端相干阵风中，风速的增加与风向的增加同时发生。

风速改变幅值为 15m/s，周期为 10s。

风向幅值：720°除以风速，周期为 10s。

$$\theta_{\text{cg}}(V_{\text{hub}}) = \begin{cases} 180°, & V_{\text{hub}} < 4\text{m/s} \\ \dfrac{720°}{V_{\text{hub}}}, & 4\text{m/s} \leqslant V_{\text{hub}} \leqslant V_{\text{ref}} \end{cases} \tag{5-29}$$

(5)极端风切变。定义了两个瞬态风切变风况，即水平风切变和垂直风切变。

$$V(z,t) = \begin{cases} V_{\text{hub}}\left(\dfrac{z}{z_{\text{hub}}}\right)^{\alpha} \pm \dfrac{z - z_{\text{hub}}}{D}\left(2.5 + 0.2\beta\sigma_1\left(\dfrac{D}{\varLambda_1}\right)^{1/4}\left(1 - \cos\left(\dfrac{2\pi t}{T}\right)\right)\right), & 0 \leqslant t \leqslant T \\ V_{\text{hub}}\left(\dfrac{z}{z_{\text{hub}}}\right)^{\alpha}, & t < 0, t > T \end{cases} \tag{5-30}$$

式中，$\alpha = 0.2$；$\beta = 6.4$；$T = 12\text{s}$。

5.3.2　仿真计算

充分考虑风力发电机组在各种不同工况下的载荷情况，选取风速最大、最恶劣的工况作为部件极限设计的载荷，统计风力发电机组 20 年寿命的疲劳载荷。以下主要以正常运行和故障工况为例。

1. 正常运行载荷仿真

建立某厂家某机型仿真模型，根据模型设计控制器及控制参数，以 IEC 标准建立表 5-1 的工况表。需要考虑从切入到切出风速每个风速段的载荷，每个风速下考虑 6 个随机种子的湍流和偏航误差，考虑风切变的影响，三维三分量 Kaimal 湍流风场以 10min 为样本，建立湍流风模型，仿真机组的桨距角、转速、功率等特征曲线，如图 5-10 所示。

表 5-1 正常运行载荷仿真工况表

设计载荷工况(DLC)：1.2				
设计工况：正常发电				
风况：正常湍流模型				
分析类型：疲劳				
局部安全系数：疲劳工况局部安全系数				
仿真描述				
工况文件名	平均风速/(m/s)	纵向湍流强度/%	偏航误差/(°)	每年发生小时数/h
1.2aa1-2			−8	515.922
1.2ab3-4	4	30.01	0	515.922
1.2ac5-6			8	515.922
1.2ba1-2			−8	586.847
1.2bb3-4	6	23.57	0	586.847
1.2bc5-6			8	586.847
1.2ca1-2			−8	531.191
1.2cb3-4	8	20.30	0	531.191
1.2cc5-6			8	531.191
1.2da1-2			−8	403.538
1.2db3-4	10	18.34	0	403.538
1.2dc5-6			8	403.538
1.2ea1-2			−8	263.464
1.2eb3-4	12	17.03	0	263.464
1.2ec5-6			8	263.464
1.2fa1-2			−8	149.712
1.2fb3-4	14	16.10	0	149.712
1.2fc5-6			8	149.712
...	...	...	...	...
备注	三维三分量 Kaimal 湍流风场(10min 样本) 风切变系数 α=0.2 每个工况采用 6 个湍流风场仿真，每个湍流风场采用一个随机的风种子生成			

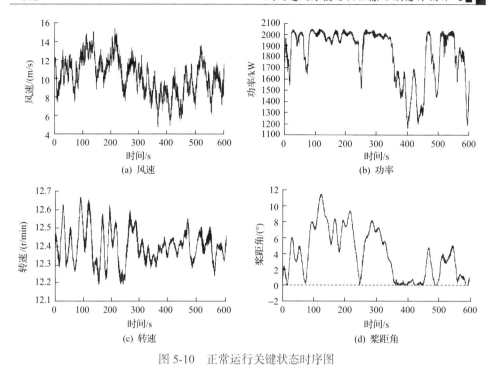

图 5-10　正常运行关键状态时序图

2. 故障工况载荷仿真

建立某厂家某机型仿真模型，根据模型设计控制器及控制参数，以 IEC 标准建立表 5-2 的工况表。需要考虑额定风速及额定风速±2m/s 的风速和切出风速，根据风速计算阵风幅值，考虑风切变、偏航误差以及方位角的影响，仿真机组的桨距角、转速、功率等特征曲线，如图 5-11 所示。

表 5-2　故障工况载荷仿真工况表

设计载荷工况（DLC）：2.3				
设计工况：正常发电+电网掉电				
风况：极端运行阵风				
分析类型：极限				
局部安全系数：非正常				
仿真描述				
工况文件名	V_{hub} /(m/s)	极端运行阵风幅值/(m/s)	偏航误差/(°)	电网掉电发生时间/s
2.3aa_x_y			−8	$t_{\text{start gust}} + 0.0$,
2.3ab_x_y	8	3.92	0	$t_{\text{start gust}} + 2.45$,
2.3ac_x_y			8	$t_{\text{start gust}} + 4.00$,
2.3ba_x_y	10	4.42	−8	$t_{\text{start gust}} + 5.25$
2.3bb_x_y			0	

续表

工况文件名	V_{hub} /(m/s)	极端运行阵风幅值/(m/s)	偏航误差/(°)	电网掉电发生时间/s
2.3bc_x_y	10	4.42	8	
2.3ca_x_y			−8	$t_{start\ gust} + 0.0$,
2.3cb_x_y	12	4.93	0	$t_{start\ gust} + 2.45$,
2.3cc_x_y			8	$t_{start\ gust} + 4.00$,
2.3da_x_y			−8	$t_{start\ gust} + 5.25$
2.3db_x_y	20	6.95	0	
2.3dc_x_y			8	
备注	稳态短时阵风(阵风周期为10.5s) 仿真时长为1min 阵风发生10s后开始仿真 风切变系数 α = 0.2 阵风开始后0s、2.45s、4s、5.25s发生电网掉电故障 初始方位角：在0°~90°每间隔30°取值			

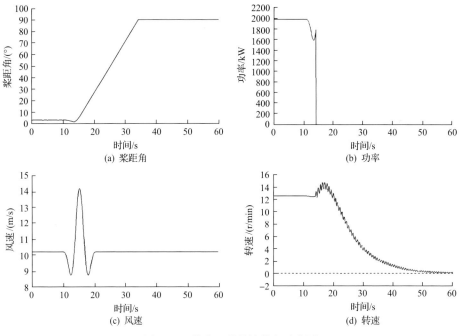

(a) 桨距角   (b) 功率   (c) 风速   (d) 转速

图 5-11 故障工况关键状态时序图

5.3.3 仿真后处理结果

在按照标准要求完成全部工况载荷计算后，可以按需要并输出后处理结果，主要包括坎贝尔图、叶根载荷、轮毂中心载荷、偏航轴承载荷、塔筒载荷、基础载荷等。载荷包括随时间变化的时序载荷、极限载荷、等效疲劳载荷。动态仿真结果需要乘以安全系数。表 5-3 为各工况使用的分项安全系数。本章以下部分将以 DLC1.2ba1 正常发电工况为例，给出部分时序载荷。

表 5-3 各工况使用的分项安全系数

设计工况	分项安全系数
非正常工况安全系数 工况 DLC2.2、DLC6.2、DLC7.1 和 DLC8.2	1.10
运输安装工况安全系数 工况 DLC8.1	1.50
正常工况和极端工况安全系数 其余所有工况	1.35

使用 Bladed 软件抽取极限载荷。8.2a～8.2l、8.2n～8.2p 为准静态工况，代表风力发电机的空转状态。在计算轮毂中心、偏航轴承、塔筒各段载荷时不考虑这些工况，除非有特殊说明，极限载荷包含气动、自重、转动惯性和动力学惯性的贡献。

在本章，力和力矩的单位分别为 kN、kN·m。对于疲劳结果，使用疲劳等效载荷来等效疲劳破坏。疲劳等效应力为

$$L_N = \sqrt[m]{\frac{\sum_i L_i^m n_i}{N}} \tag{5-31}$$

式中，L_N 为 N 次循环的等效应力；L_i 为应力区间 i 的应力；n_i 为应力区间 i 的雨流循环数；m 为材料参数，$-1/m$ 为 S-N 曲线斜率；N 为风力发电机生命周期内的循环次数。

这里考虑 m 为 3、4、5、6、7、8、9、10、11 和 12。应力 L_i 取决于所考虑结构的几何形状。假定应力与载荷成比例，因此在式(5-31)中用载荷代替应力是可以接受的。为简单起见，应力 L_i 从一维表中导出，且没有修正以解释平均应力引起的疲劳。采用 1×10^7 循环次数来表示风力发电机 20 年生命周期内的各部件等效疲劳载荷。等效疲劳载荷的计算流程如图 5-12 所示。

1. 坎贝尔图

图 5-13 为某低风速风力发电机组的坎贝尔图，图中展示了随风轮转速变化的振动模态。在该图中，振动各模态是按照主模态来标记的，尽管大多数情况下的

真实模态是塔筒、风轮和传动链位移的组合。其中，切入转速为 7.025r/min，额定转速为 12.40r/min，最大安全转速为 14.26r/min。从图中可以看出，塔筒一阶频率没有与低风速风力发电机组 1P 和 3P 频率相交，传动链频率和 6P 频率没有在额定转速相交，低风速风力发电机组不会产生共振现象。

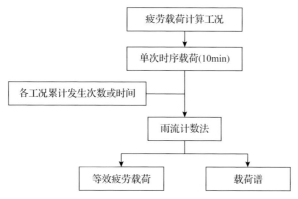

图 5-12　等效疲劳载荷计算流程

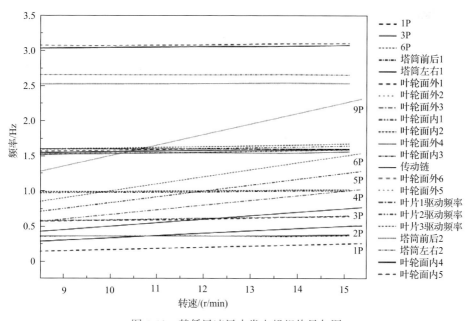

图 5-13　某低风速风力发电机组坎贝尔图

2. 关键部件载荷

1)时序载荷

以 DLC1.2ba1 正常发电工况为例，给出叶根时序载荷，如图 5-14 所示。

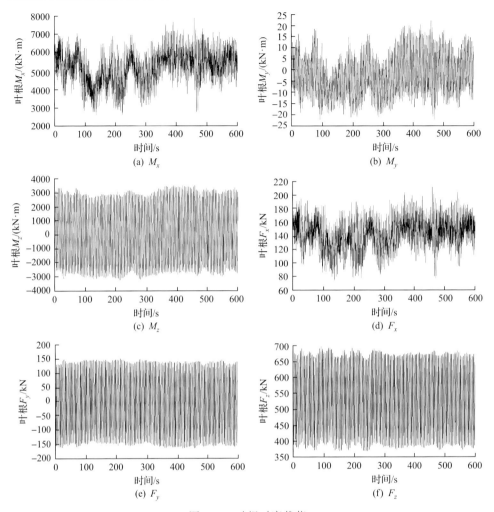

图 5-14　叶根时序载荷

2) 极限载荷

表 5-4 给出了叶根极限载荷，包括最大值和最小值。图 5-15 为含安全系数的叶根极限载荷柱状图，展示了各工况中的最大值与最小值。

表 5-4　叶根极限载荷

		工况文件名	M_x /(kN·m)	M_y /(kN·m)	M_{xy} /(kN·m)	M_z /(kN·m)	F_x /kN	F_y /kN	F_{xy} /kN	F_z /kN	安全系数
M_x	Max	DLC1.6ca_04	6319.8	−3245.4	7104.4	48.1	−55.0	−255.0	260.9	652.4	1.35
M_x	Min	DLC1.5dc_02_02	−6403.3	2900.4	7029.6	−46.0	136.5	260.4	294.0	978.6	1.35
M_y	Max	DLC1.5bc_02_03	3003.9	11088	11487	28.2	383.1	−173.5	420.6	872.8	1.35

续表

		工况文件名	M_x /(kN·m)	M_y /(kN·m)	M_{xy} /(kN·m)	M_z /(kN·m)	F_x /kN	F_y /kN	F_{xy} /kN	F_z /kN	安全系数
M_y	Min	DLC1.3ab_04	2474.0	−6706.5	7148.2	25.1	−231.3	−66.4	240.7	297.5	1.35
M_{xy}	Max	DLC1.7ab_03_01	5339.8	10398	11689	−76.0	325.4	−235.2	401.4	742.5	1.35
M_{xy}	Min	DLC1.6cb_03	−1.32	0.30	1.35	−3.08	−0.77	1.79	1.95	−184.3	1.35
M_z	Max	DLC1.5bc_02_04	−4955.0	8119.2	9511.7	133.6	270.5	208.0	341.2	850.2	1.35
M_z	Min	DLC1.5dc_02_02	−4739.2	−1140.3	4874.4	−103.8	1.54	205.8	205.8	1081.8	1.35
F_x	Max	DLC1.5cc_02_03	2384.1	10717	10979	38.9	386.7	−156.2	417.0	882.6	1.35
F_x	Min	DLC6.2j_02	−138.4	−5909.9	5911.6	80.1	−239.3	10.0	239.5	−131.6	1.10
F_y	Max	DLC1.5dc_02_02	−6398.1	2818.6	6991.4	−44.5	133.1	263.5	295.2	984.6	1.35
F_y	Min	DLC1.6ca_04	6317.9	−3396.1	7172.8	52.1	−59.8	−255.9	262.8	656.5	1.35
F_{xy}	Max	DLC1.5bc_02_03	3115.4	11056	11486	31.4	381.0	−184.0	423.1	859.5	1.35
F_{xy}	Min	DLC6.2h_06	−103.6	−684.9	692.7	41.1	−0.072	0.016	0.074	−117.1	1.10
F_z	Max	DLC1.5bb_01_02	−156.8	2124.1	2129.9	−35.9	84.9	5.75	85.1	1217.5	1.35
F_z	Min	DLC8.1e_00	−23.2	673.0	673.4	−9.11	25.2	−0.040	25.2	−205.4	1.50

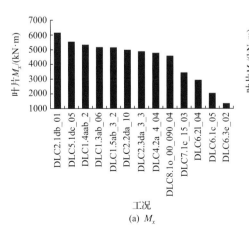

(a) M_x

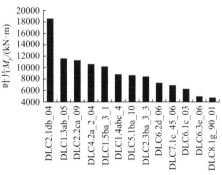

(b) M_y

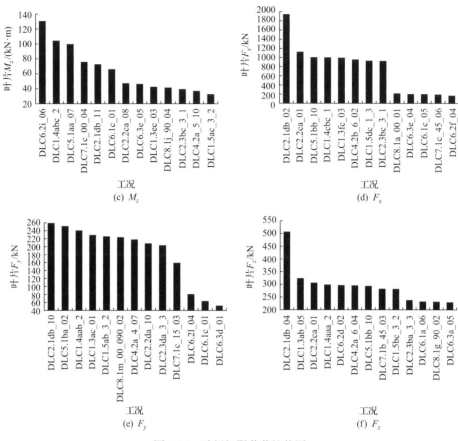

图 5-15　叶根极限载荷柱状图

3) 等效疲劳载荷

表 5-5 为叶根等效疲劳载荷。图 5-16 为叶根处 $m=4$ 的等效疲劳载荷，图 5-17 为叶根处 $m=10$ 的等效疲劳载荷，图 5-18 为叶根累积雨流循环分布。

表 5-5　叶根等效疲劳载荷

m	$M_x/(kN \cdot m)$	$M_y/(kN \cdot m)$	$M_z/(kN \cdot m)$	F_x/kN	F_y/kN	F_z/kN
3	12919.3	4101.37	174.904	149.701	616	529.84
4	10766.9	3737.47	151.129	138.626	513.257	444.778
5	9655.25	3644.65	139.505	138.247	460.162	403.568
6	8981.44	3676.57	132.901	142.671	427.95	382.535
7	8531.35	3786.71	128.814	149.396	406.408	373.983
8	8210.53	3955.64	126.156	156.995	391.031	374.704
9	7971	4168.27	124.381	164.706	379.529	382.327
10	7785.87	4406.97	123.185	172.196	370.62	394.327
11	7638.89	4654.16	122.388	179.362	363.53	408.466
12	7519.72	4896.66	121.877	186.196	357.764	423.247

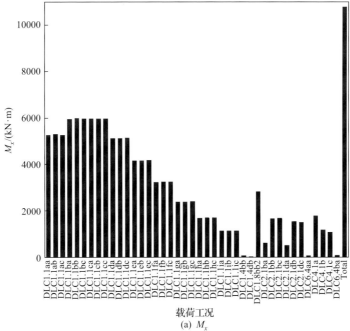

(a) M_x

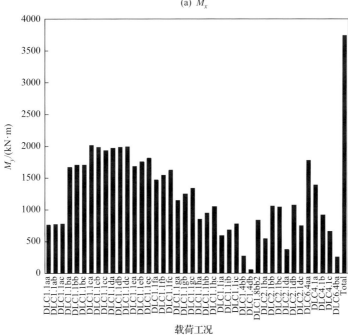

(b) M_y

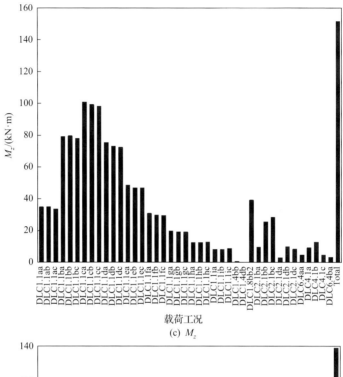

(c) M_z

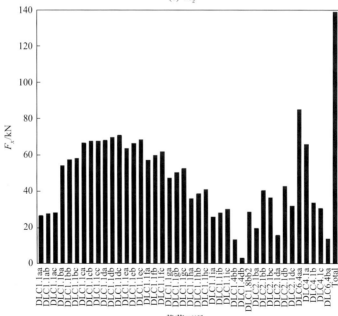

(d) F_x

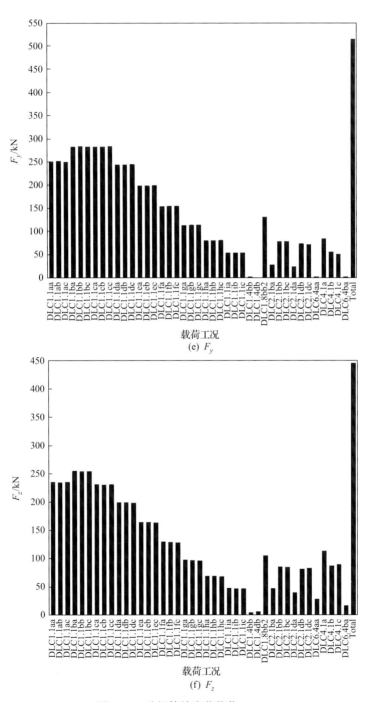

图 5-16 叶根等效疲劳载荷 ($m=4$)

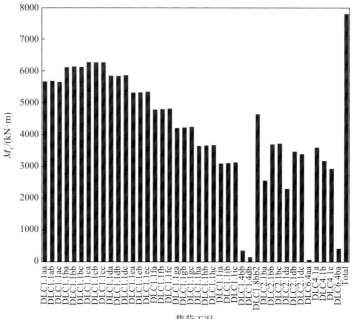

(a) M_x

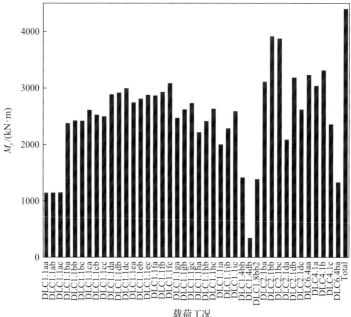

(b) M_y

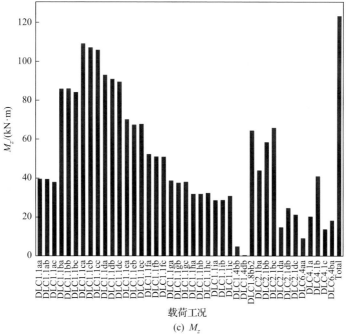

(c) M_z

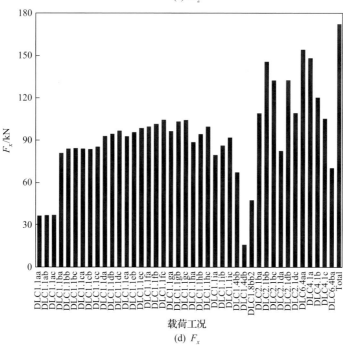

(d) F_x

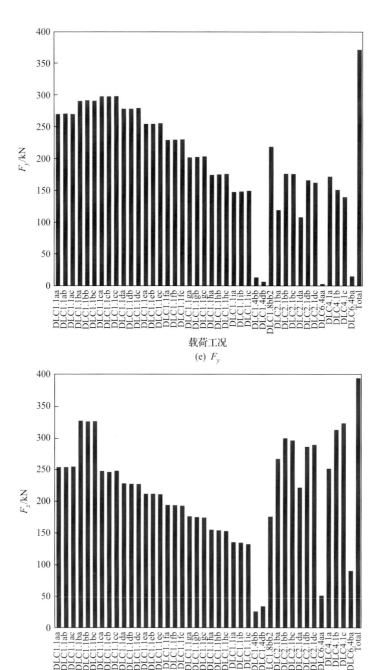

图 5-17 叶根等效疲劳载荷 (m=10)

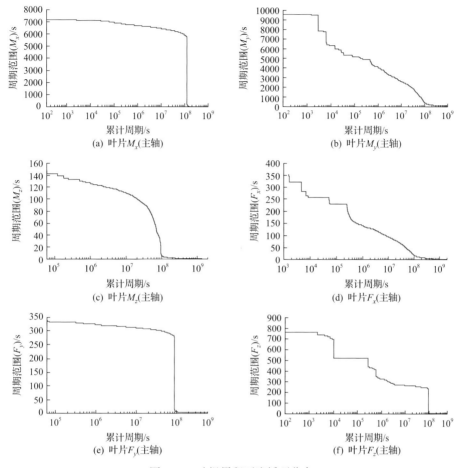

图 5-18　叶根累积雨流循环分布

5.4　载荷优化

　　风载荷是风力发电机组的外部载荷源。风速、风向的不稳定性和叶片的旋转效应相互耦合,使叶片受到的空气动力载荷非常复杂,有人形象地把风力发电机组比喻为"野外疲劳试验机"。载荷通过轮毂传递到其他部件,如主轴、发电机、主机架、塔架、基础等,对风力发电机组的工作性能和结构疲劳寿命产生很大的影响,有效降低风力发电机组的极限和疲劳载荷,对机组性能、成本和寿命起着至关重要的作用,故载荷优化在风力发电机组设计环节中是十分重要的节点。

　　风力发电机组的载荷主要来源于叶片气动外形,同时受其他多个部件重量、刚度、控制等因素影响,其中控制策略和控制参数对载荷的影响尤其明显。本节假定各结构件设计已定型,从控制策略和控制参数这两个方面阐述载荷优化。

5.4.1　基于控制策略的载荷优化

针对大叶轮风力发电机组高风速段载荷控制的技术难题，提出了基于电磁阻尼主动调节的传动链减振控制技术、基于桨距角预补偿的动态推力消减控制技术等一系列的先进控制技术。

1. 基于电磁阻尼主动调节的传动链减振控制技术

当风力发电机组运行于额定风速以上时，转矩不能再跟随转速的变化而变化，传动链的阻尼很小，容易引起传动链的扭曲振动，造成大的齿轮箱转矩波动，从而损坏齿轮箱。

为了解决额定风速以上齿轮箱转矩波动很大的问题，可以人为引入一些机械阻尼，但会增加相应的成本，可通过控制系统在风力发电机组传动链上施加一个与传动链固有频率相同的转矩值，通过相位调整可以抵消谐振作用，有效增加阻尼效果，这种控制方式可显著增加传动链的等效阻尼，降低齿轮箱的疲劳载荷。

如图 5-19 所示，通过传动链减振控制策略进行仿真，可以得到如下载荷比较结果，以某成熟机型为例，降低齿轮箱的疲劳载荷幅度约 10%。

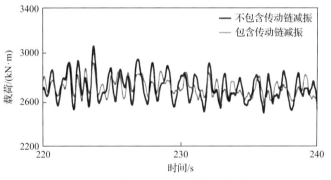

图 5-19　16m/s 传动链减振控制策略载荷对比图

2. 基于桨距角预补偿的动态推力消减控制技术

当风力发电机组在进行变桨控制时，会在额定功率附近造成风轮前后推力变化过大的情况，即在机组接近但小于额定功率时，叶片的叶尖速度较大，造成桨叶受到的风力推力迅速增大。当机组到达额定功率开始进行变桨后，桨叶受到的风力推力会因为桨距角的变化而迅速减小。

因此，可以设计推力消减控制，在机组接近但小于额定功率时提前进行变桨，从而减小桨叶前后推力的增加幅度；在机组到达额定功率时也进行原来的变桨控制，以维持转速和功率的恒定。根据功率的大小，动态改变桨距角，这种控制方式可减小额定风速附近整个风轮平面内受到的推力，降低叶根、塔筒疲劳载荷以及轮毂极限载荷。

以某成熟机型为例，对推力消减控制策略进行仿真，可以得到如图 5-20 所示的载荷比较结果，由此可以看出，应用动态推力消减控制技术可以明显减小轮毂疲劳载荷。

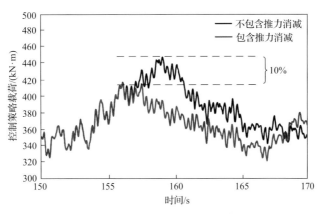

图 5-20　动态推力消减控制策略载荷对比图

3. 基于变速率收桨的智能停机载荷控制技术

在风力发电机组极端运行阵风并出现电网掉电故障后，电网掉电故障往往会导致风力发电机组电压降低，在电网电压突降的瞬间，风力发电机组的能量无法完全输出到电网，剩余的能量一部分转化为桨叶动能，引起桨叶超速，严重威胁风力发电机组和变流器器件的安全，进而导致风力发电机组的保护性停机，给电网的恢复稳定运行造成严重的影响。

可以通过当前桨距角监控智能判断停机顺桨的方式，当桨距角控制在发生电网电压跌落故障时，引用紧急变桨控制，使风力发电机组的桨距角迅速增加，从而使风力发电机组所捕获的机械转矩迅速减小，减小风力发电系统机侧变流器的输出功率，缓解直流侧与电网侧的功率不平衡，能有效降低停机过程中的载荷，保证风力发电机组平稳停机。

在极端运行阵风及电网掉电故障发生后，采用不同的速率收桨控制，并根据塔筒自身的振动设计每个变桨速率的持续时间。如图 5-21 所示，以某成熟机型为例，这里采用的顺桨速率为 V_1、V_2 和 V_3。

采用同样的风况，增加基于极端风况智能停机降载控制技术前后风力发电机组发电机转速、塔筒底部 M_{xy} 载荷对比，如图 5-22 和图 5-23 所示。

通过发电机转速对比可知，采用该控制策略前后，发电机转速波动幅值基本一致。

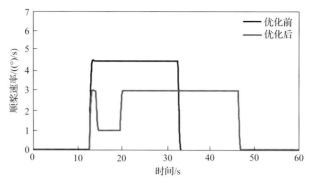

图 5-21　极端运行阵风工况智能停机控制策略

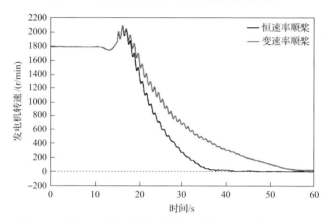

图 5-22　基于变速率收桨智能停机降载发电机转速对比图

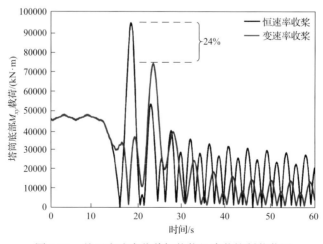

图 5-23　基于变速率收桨智能停机降载控制载荷图

　　以某成熟机型为例，通过塔筒底部 M_{xy} 载荷对比可知，采用基于变速率收桨智能停机降载控制技术可降低 24% 的极限载荷。

4. 基于变桨故障柔性顺桨控制技术

叶片卡桨故障工况的智能停机降载策略基于叶片维护和控制的需求，通过实施降载策略进行设计。在单叶片卡桨故障工况下由于桨叶 1 卡住，无法变桨，进而触发机组停机。通常情况下，在此类故障下，机组控制器往往采用单一变桨速率的停机策略。然而，随着机组容量的增大和叶片的增长，机组载荷不断增大。

风力发电机组在发生单叶片卡桨故障停机后，风力发电机组开始顺桨，但由于叶片 1 卡住，无法与其他两个叶片一同顺桨，造成在顺桨过程中三个叶片受力不平衡，最终导致偏航轴承载荷偏大。为了解决这一问题，提出一种智能停机的方式，在故障停机工况发生时，另外两个叶片以一个较小速率进行阶段性变桨，阶段性变桨动作完成后，再快速变桨至90°停机。

采用柔性顺桨控制技术和恒速率顺桨技术仿真结果对比如图 5-24 所示。该控制策略保证了故障工况下停机的快速性和安全性，合理降低了极限载荷。通过这种顺桨方式可减小偏航轴承载荷 M_y 及 M_z。以某成熟机型为例，采用柔性顺桨控制技术后载荷 M_z 减小 5%以上，如图 5-25 所示。

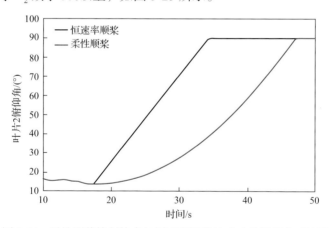

图 5-24　柔性顺桨控制技术与恒速率顺桨技术叶片俯仰角对比图

5. 基于塔筒减振的智能控制技术

在风力发电机组发生软件超速故障，执行快速停机控制时，传统的快速停机方式按照恒速率顺桨，如图 5-26 所示。这种顺桨方式以较快的速度顺桨，导致风轮推力变桨较快，加剧了塔筒振动，在刚性塔筒中，这种加剧的振动不会对整机安全性造成影响，但在柔性塔筒中，由于本身固有频率低、阻尼小，加剧振动会导致塔筒振动位移偏大，影响整机的安全性。因此，在快速停机时，为了减缓这种振动，设计了基于塔筒减振的智能控制策略，即先按照高变桨速率收桨，持续一定时间后，再按照低变桨速率收桨，如图 5-27 所示。这种顺桨方式有效减缓了塔筒振动，确保了整机安全性。

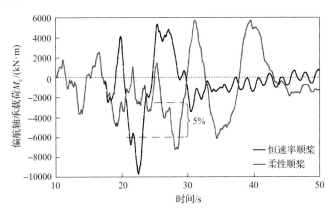

图 5-25 柔性顺桨控制技术与恒速率顺桨技术 M_z 对比图

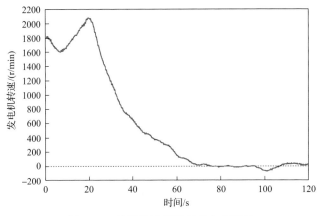

图 5-26 触发快速停机后发电机转速

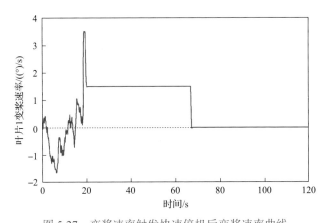

图 5-27 变桨速率触发快速停机后变桨速率曲线

智能化的风力发电机组主动安全保护是风力发电机组发生故障时的最后保护，智能化、多样化的停机方式降低了风力发电机组停机过程中的极限载荷，为风力发电机组正常运行提供保障，增加塔筒减振控制策略前后仿真载荷对比如表 5-6 所示。

表 5-6　增加塔筒减振控制策略前后仿真载荷对比表

载荷分量	增加前/(kN·m)	增加后/(kN·m)	后/前/%
轮毂中心(固定) M_y	98123.6	97044.2	98.9

5.4.2　基于控制参数的载荷优化

基于特定的控制策略，控制参数取值不同，对应的载荷也会不同，载荷较好的情况下，可以采用合适的优化算法对控制参数进行优化。

风力发电机组对应的载荷工况较多，控制参数和载荷也较多，由于仿真周期，全部工况仿真、全部控制参数参与优化是不现实的，根据经验选取典型工况的关键控制参数为自变量，关键部位载荷为因变量，基于一定的优化算法进行优化设计。

1. 优化平台搭建

无论采用哪种标准仿真工况，工况的参数都达到数千个，为了提高仿真效率，采用参数化模型搭建。载荷控制模块的模型搭建分为极限载荷模块和疲劳载荷模块，其中模块的构架和控制参数作为输入变量。疲劳工况构架和极限工况构架分别如图 5-28 和图 5-29 所示。

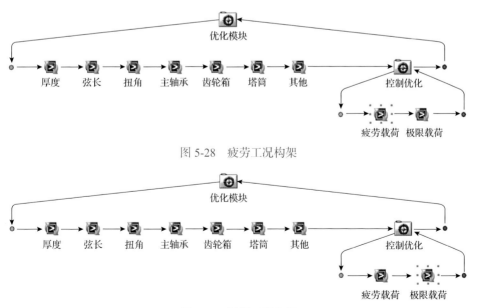

图 5-28　疲劳工况构架

图 5-29　极限工况构架

1)疲劳工况模块

疲劳工况模块包含正常发电工况风速 4～20m/s，每间隔 2m/s 设计为一种工况，进行仿真分析，疲劳工况分布如表 5-7 所示。

表 5-7　疲劳工况分布

优化工况	DLC
正常湍流模型，风速 4m/s	DLC11a
正常湍流模型，风速 6m/s	DLC11b
正常湍流模型，风速 8m/s	DLC11c
正常湍流模型，风速 10m/s	DLC11d
正常湍流模型，风速 12m/s	DLC11e
正常湍流模型，风速 14m/s	DLC11f
正常湍流模型，风速 16m/s	DLC11g
正常湍流模型，风速 18m/s	DLC11h
正常湍流模型，风速 20m/s	DLC11i

疲劳工况模块的因子主要是控制参数，将控制参数作为输入变量，输入变量分布如表 5-8 所示。

表 5-8　疲劳工况模块输入变量

控制方式	因子	系统表示	因子数
转矩控制	比例增益	P_GAINP_QS	1
	积分增益	P_GAINI_QS	1
	传动链阻尼增益	P_QVGAIN	1
	传动链阻尼系数	P_QVDAMP	1
变桨控制	比例增益	P_GAINP_PS	1
	积分增益	P_GAINI_PS	1
	超过增益表停止工作的俯仰角	P_PIT2	1
	俯仰角 P_PIT2 时的增益除数	P_DIV2	1

疲劳工况模块的响应主要是叶片叶根部位载荷、轮毂处弯矩、偏航轴承的弯矩、塔架塔底载荷弯矩，将载荷作为目标值，目标值分布如表 5-9 所示。

表 5-9　疲劳载荷模块目标值

响应		目标
疲劳载荷	等效疲劳载荷 (叶片/轮毂/偏航/塔筒)　　M_{xm4} M_{ym4} M_{zm4} M_{xm10} M_{ym10} M_{zm10}	最小化
	LDD(旋转轮毂 M_x)　　M_x	
年发电量		最大化

疲劳工况模块的约束条件为风轮转速的容差值，如表 5-10 所示。

表 5-10　疲劳工况模块约束条件

约束	条件
风轮转速	≤ 0.2m/s

2)极限载荷工况

极限载荷工况模块包含阵风发生工况和故障发生工况，进行优化与仿真分析，极限载荷工况分布如表 5-11 所示。

表 5-11　极限载荷工况分布

设计载荷工况	DLC
变风向极端相干阵风，风速 $0.8V_r$	DLC13ax
变风向极端相干阵风，风速 V_r	DLC13by
极端运行阵风，风速 $0.8V_r$	DLC16ax
极端运行阵风，风速 V_{out}	DLC16dy
极端风切变，风速 V_r	DLC17ax
极端风切变，风速 V_{out}	DLC17dy
极端运行阵风+网格损失，风速 $0.8V_r$	DLC15ax
极端运行阵风+网格损失，风速 V_{out}	DLC15dy
俯仰角截获速度，风速 V_r	DLC2.2bd
短路风速，风速 V_r	DLC2.2be

极限载荷工况模块的因子主要是控制参数，如变桨速率、停机收桨速率、PID

控制参数等，将控制参数作为输入变量，输入变量分布如表 5-12 所示。

表 5-12　极限载荷工况模块输入变量

工况	因子	系统表示	因子数
脱网停机	停机变桨速率	P_PR_Stop	2
	停机变桨时间	P_Time_PR_Stop	2
快速与安全停机	停机变桨速率	P_PR_Stop	2
偏航误差/正常停机	故障停机安全速率	P_PR_Failsafe	1
	停机持续时间	P_Time_PR_Fail	1
变桨控制	比例增益	P_GAINP_PS	1
	积分增益	P_GAINI_PS	1
	超过增益表停止工作的俯仰角	P_PIT2	1
	俯仰角 P_PIT2 时的增益除数	P_DIV2	1

极限载荷工况模块的响应主要是叶片叶根部位载荷、轮毂处弯矩、偏航轴承的弯矩、塔架塔底载荷弯矩，将载荷作为目标值，目标值分布如表 5-13 所示。

表 5-13　极限载荷工况模块目标值

	响应位置	载荷	目标
极限载荷	叶片根部	M_{xy}/M_z	
	旋转轮毂	M_{yz}	
	静止轮毂	M_{yz}	最小化
	偏航轴承	M_{xy}/M_z	
	塔筒根部	M_{xy}	

极限载荷工况模块的约束条件为风轮转速的容差值、塔底加速度，如表 5-14 所示。

表 5-14　极限载荷工况模块约束条件

约束	条件
风轮转速	≤0.3m/s
容差值	⩾0.3
塔筒加速度	≤0.1g

2. 优化结果分析

基于载荷控制模块，进行控制参数优化，以某一机型为例进行仿真计算。如

图 5-30 所示，设置输入变量，并定义输入变量可变范围。

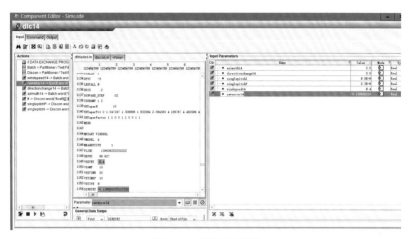

图 5-30　模块变量图

如图 5-31 所示，根据 IEC 61400 系列标准工况进行自定义输入变量矩阵设置，以 IEC 标准中的 DLC1.4 为例，进行设置。

General	Factors	**Design Matrix**	Postprocessing	
Show: Values				
	azimuth14	windspeed14	directionchange14	yawerror14
350	0.523598767	12.4	-0.785398149	-0.1396263...
351	1.047197533	12.4	-0.785398149	-0.1396263...
352	1.5707963	12.4	-0.785398149	-0.1396263...
353	0	12.4	-0.785398149	0
354	0.523598767	12.4	-0.785398149	0
355	1.047197533	12.4	-0.785398149	0
356	1.5707963	12.4	-0.785398149	0
357	0	12.4	-0.785398149	0.139626338
358	0.523598767	12.4	-0.785398149	0.139626338
359	1.047197533	12.4	-0.785398149	0.139626338
360	1.5707963	12.4	-0.785398149	0.139626338
361	0	12.4	0.785398149	-0.1396263...
362	0.523598767	12.4	0.785398149	-0.1396263...
363	1.047197533	12.4	0.785398149	-0.1396263...
364	1.5707963	12.4	0.785398149	-0.1396263...
365	0	12.4	0.785398149	0
366	0.523598767	12.4	0.785398149	0
367	1.047197533	12.4	0.785398149	0
368	1.5707963	12.4	0.785398149	0
369	0	12.4	0.785398149	0.139626338
370	0.523598767	12.4	0.785398149	0.139626338
371	1.047197533	12.4	0.785398149	0.139626338
372	1.5707963	12.4	0.785398149	0.139626338
373	0	12.4	-1.013338146	-0.1396263...
374	0.523598767	12.4	-1.013338146	-0.1396263...
375	1.047197533	12.4	-1.013338146	-0.1396263...
376	1.5707963	12.4	-1.013338146	-0.1396263...
377	0	12.4	-1.013338146	0
378	0.523598767	12.4	-1.013338146	0
379	1.047197533	12.4	-1.013338146	0
380	1.5707963	12.4	-1.013338146	0
381	0	12.4	-1.013338146	0.139626338
382	0.523598767	12.4	-1.013338146	0.139626338
383	1.047197533	12.4	-1.013338146	0.139626338
384	1.5707963	12.4	-1.013338146	0.139626338
385	0	12.4	1.013338146	-0.1396263...
386	0.523598767	12.4	1.013338146	-0.1396263...
387	1.047197533	12.4	1.013338146	-0.1396263...
388	1.5707963	12.4	1.013338146	-0.1396263...
389	0	12.4	1.013338146	0
390	0.523598767	12.4	1.013338146	0
391	1.047197533	12.4	1.013338146	0
392	1.5707963	12.4	1.013338146	0
393	0	12.4	1.013338146	0.139626338
394	0.523598767	12.4	1.013338146	0.139626338
395	1.047197533	12.4	1.013338146	0.139626338
396	1.5707963	12.4	1.013338146	0.139626338
Add				

图 5-31　DOE 变量设计值矩阵

在载荷控制模块中，不同的组件之间需要进行输入输出数据传递，搭建数据映射关系。

采用 DOE 与优化算法嵌套优化算法，提高工况仿真参数设置效率，同时实现数据统计，节省后处理的工作。

运算调试，对每个组件均单独试运行，若运行成功则进行下一步计算。

若计算失败则需要找到错误进行调试，若运行成功则结果如图 5-32 所示。

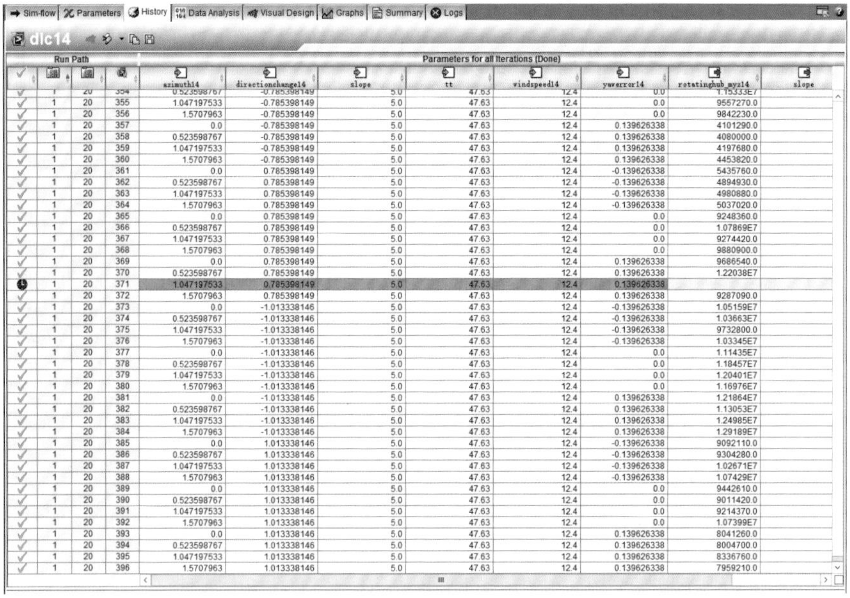

				azimuth14	directionchange14	slope	tt	windspeed14	yawerror14	rotatinghub_myz14	slope
✓	1	20	354	0.523598767	-0.785398149	5.0	47.63	12.4	0.0	1.15333E7	
✓	1	20	355	1.047197533	-0.785398149	5.0	47.63	12.4	0.0	9557270.0	
✓	1	20	356	1.5707963	-0.785398149	5.0	47.63	12.4	0.0	9842230.0	
✓	1	20	357	0.0	-0.785398149	5.0	47.63	12.4	0.139626338	4101290.0	
✓	1	20	358	0.523598767	-0.785398149	5.0	47.63	12.4	0.139626338	4080000.0	
✓	1	20	359	1.047197533	-0.785398149	5.0	47.63	12.4	0.139626338	4197680.0	
✓	1	20	360	1.5707963	-0.785398149	5.0	47.63	12.4	0.139626338	4453820.0	
✓	1	20	361	0.0	0.785398149	5.0	47.63	12.4	-0.139626338	5435760.0	
✓	1	20	362	0.523598767	0.785398149	5.0	47.63	12.4	-0.139626338	4894930.0	
✓	1	20	363	1.047197533	0.785398149	5.0	47.63	12.4	-0.139626338	4980880.0	
✓	1	20	364	1.5707963	0.785398149	5.0	47.63	12.4	-0.139626338	5037020.0	
✓	1	20	365	0.0	0.785398149	5.0	47.63	12.4	0.0	9248360.0	
✓	1	20	366	0.523598767	0.785398149	5.0	47.63	12.4	0.0	1.07869E7	
✓	1	20	367	1.047197533	0.785398149	5.0	47.63	12.4	0.0	9274420.0	
✓	1	20	368	1.5707963	0.785398149	5.0	47.63	12.4	0.0	9880900.0	
✓	1	20	369	0.0	0.785398149	5.0	47.63	12.4	0.139626338	9686540.0	
✓	1	20	370	0.523598767	0.785398149	5.0	47.63	12.4	0.139626338	1.22038E7	
	1	20	371	1.047197533	0.785398149	5.0	47.63	12.4	0.139626338		
✓	1	20	372	1.5707963	0.785398149	5.0	47.63	12.4	0.139626338	9287090.0	
✓	1	20	373	0.0	-1.013338146	5.0	47.63	12.4	-0.139626338	1.05159E7	
✓	1	20	374	0.523598767	-1.013338146	5.0	47.63	12.4	-0.139626338	1.03663E7	
✓	1	20	375	1.047197533	-1.013338146	5.0	47.63	12.4	-0.139626338	9732800.0	
✓	1	20	376	1.5707963	-1.013338146	5.0	47.63	12.4	-0.139626338	1.03345E7	
✓	1	20	377	0.0	-1.013338146	5.0	47.63	12.4	0.0	1.11435E7	
✓	1	20	378	0.523598767	-1.013338146	5.0	47.63	12.4	0.0	1.18457E7	
✓	1	20	379	1.047197533	-1.013338146	5.0	47.63	12.4	0.0	1.20401E7	
✓	1	20	380	1.5707963	-1.013338146	5.0	47.63	12.4	0.0	1.16976E7	
✓	1	20	381	0.0	-1.013338146	5.0	47.63	12.4	0.139626338	1.21864E7	
✓	1	20	382	0.523598767	-1.013338146	5.0	47.63	12.4	0.139626338	1.13053E7	
✓	1	20	383	1.047197533	-1.013338146	5.0	47.63	12.4	0.139626338	1.24985E7	
✓	1	20	384	1.5707963	-1.013338146	5.0	47.63	12.4	0.139626338	1.29189E7	
✓	1	20	385	0.0	1.013338146	5.0	47.63	12.4	-0.139626338	9092110.0	
✓	1	20	386	0.523598767	1.013338146	5.0	47.63	12.4	-0.139626338	9304280.0	
✓	1	20	387	1.047197533	1.013338146	5.0	47.63	12.4	-0.139626338	1.02671E7	
✓	1	20	388	1.5707963	1.013338146	5.0	47.63	12.4	-0.139626338	1.07429E7	
✓	1	20	389	0.0	1.013338146	5.0	47.63	12.4	0.0	9442610.0	
✓	1	20	390	0.523598767	1.013338146	5.0	47.63	12.4	0.0	9011420.0	
✓	1	20	391	1.047197533	1.013338146	5.0	47.63	12.4	0.0	9214370.0	
✓	1	20	392	1.5707963	1.013338146	5.0	47.63	12.4	0.0	1.07399E7	
✓	1	20	393	0.0	1.013338146	5.0	47.63	12.4	0.139626338	8041260.0	
✓	1	20	394	0.523598767	1.013338146	5.0	47.63	12.4	0.139626338	8004700.0	
✓	1	20	395	1.047197533	1.013338146	5.0	47.63	12.4	0.139626338	8336760.0	
✓	1	20	396	1.5707963	1.013338146	5.0	47.63	12.4	0.139626338	7959210.0	

图 5-32　运算结果图

5.5 本 章 小 结

本章介绍了风力发电机组设计中的载荷仿真内容。概括来说，根据风力发电机组的实际结构搭建详细的载荷仿真计算模型，再根据适用的风场确定外部风况条件，按照 IEC 标准制定载荷计算工况表，完成整个载荷计算工作。在实际的风力发电机组设计开发中，载荷仿真计算必须与叶片设计、结构件选型、电机选型以及控制策略调整等过程紧密结合，是整体风力发电机组系统的大集合。随着风力发电机组设计研发过程的推进，风力发电机组的 Bladed 模型也越来越精确，相应的载荷仿真结果理应接近实际机组的运行情况。但是，理论模型仅在设计研发阶段的使用，未必能充分反映出机组的实际性能，还需要根据后期的型式测试试验来验证模型，通过仿真计算和样机测试数据来修正模型，形成新机型研发设计的闭环，持续改进风力发电机组的性能。

第6章 低风速风力发电机组测试与验证

当一台新研发的低风速风力发电机组设计完成后，为了验证机组能否达到设计指标要求，需要进行一系列的试验测试活动，称为机组的设计验证计划(design verification plan，DVP)或试验测试计划。

机组的 DVP 包括各个主要零部件测试、子系统测试、整机工厂出厂测试和整机风场测试。其中，零部件测试和子系统测试主要由部件生产厂商完成；整机工厂出厂测试和整机风场测试由整机生产制造商完成。

本章从 DVP 的工作流程出发，以研发各个环节测试项目的先后顺序为主线，对机组的 DVP 工作进行详述。

6.1 DVP 工作流程

对于一台新研发的低风速风力发电机组，DVP 工作从设计部门提出的研发计划开始，根据设计输入信息编写测试验证计划，并编制对应的测试大纲。根据测试验证计划，在机组生产的各个环节中，按照试验大纲完成相应的测试工作。

机组的 DVP 测试工作流程如图 6-1 所示。

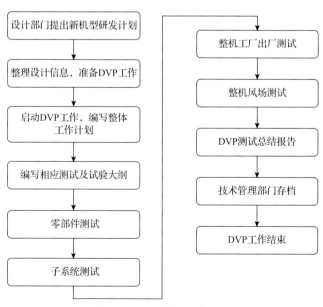

图 6-1 DVP 测试工作流程

6.2　工厂出厂测试

整机工厂出厂测试的目的是检验装配质量、测试传动链性能、模拟现场并网等，以达到机组出厂前设备无缺失、功能无缺陷，性能达标，符合整机出厂检验标准。整机工厂出厂测试内容主要包括整机联调测试和全功率试验。

6.2.1　整机联调测试

风力发电机组工厂整机联调内容包括整机的静态调试和空载状态下的拖动试验。

整机联调针对整机机舱部分进行静态调试，并与轮毂部分在通电情况下进行通信、安全链和运行测试。

拖动试验是指短接发电机转子或定子，通过拖动变流器向定子或转子(非短接侧)馈电，发电机转为电动机，反向拖动机组传动链进行测试。

整机联调从试验前的准备工作到最终试验的完成应遵循如图 6-2 所示的工艺流程要求。

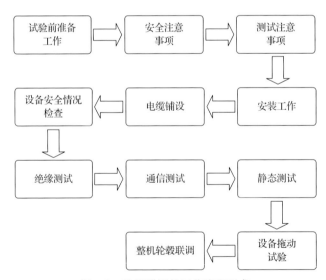

图 6-2　整机联调的工艺流程要求

1. 试验相关工作

整机联调测试相关的准备工作包括以下几个方面：

(1)试验人员。

(2)测试仪器及配套设备。

(3)试验工具。

(4)测试注意事项。

(5)整机联调试验前,首先需要完成上电前机舱柜、塔底柜和轮毂的绝缘测试。在试验过程中,机位上至少保证一人观察设备,若有问题立即与操作人员联系并迅速作出判定是否需要停止检查。

(6)绝缘测试。所有接线工作完成以后,确认无误后开始绝缘测试。绝缘测试包括机舱柜的绝缘、塔底柜的绝缘、所有24V对地绝缘、电机设备侧的绝缘等,测试时必须依照相应的测试标准执行。

(7)设备安装情况确认。确认机舱内各设备已经安装完毕,主轴、齿轮箱、发电机轴承的润滑均已完成,液压站油压达到设计要求,各部件符合厂家规定的运行前满足的条件。

(8)联调控制程序下装。连接 PC 和 PLC,将准备好的控制程序下装更新至PLC。控制程序主要包括离线生成的编译控制程序包和配置文件。

2. 设备静态调试

静态调试工作主要包括通信测试、安全链测试以及各部件功能的测试。设备静态调试的目的是验证机组的通信是否正常,机组的安全保护功能是否正常,以及各传感器传输的数字信号、模拟信号等是否正常。

1)通信测试

为了检验各被控系统与主控系统之间的通信是否正常,在工厂静态调试中首先需要完成通信测试。在通信测试中需要进行的测试内容包括以下几个方面:

(1)机舱柜的通信测试;

(2)变流器的通信测试;

(3)变桨系统的通信测试;

(4)电能质量的通信测试;

(5)不间断电源(uninterruptible power source,UPS)的通信测试;

(6)软启的通信测试;

(7)独立变桨的通信测试。

在风力发电机组通信测试中,通信是否正常一般是通过通信信号灯的显示和数据传输两个测试内容来进行判定的。

2)安全链测试

安全链是确保风力发电机安全运行的最高层的防护措施。在工厂进行的安全链测试的主要内容包括以下几个方面:

(1)超速信号测试;

(2)机舱振动测试;

(3) 机舱急停功能测试;

(4) 塔底急停功能测试;

(5) 看门狗功能测试;

(6) PLC 急停功能测试;

(7) 变桨紧急顺桨功能测试;

(8) 塔底复位功能测试;

(9) 机舱复位功能测试;

(10) 变流器复位功能测试。

在安全链测试过程中,动态监测输入、输出与各部件的动作逻辑,与设计进行对比验证以确认安全链逻辑正确、功能正常。

3) 变流器测试

变流器通过对双馈异步发电机的转子进行励磁,双馈异步发电机的定子侧输出电压的幅值、频率和相位与电网相同,根据需要进行有功和无功的独立解耦控制,从而优化发电系统的运行,实现风力发电机组的变速恒频运行。

在变流器静态调试前,需要对变流器进行绝缘测试,需要检查的项目如下:

(1) 测量两个直流母排的对地电阻;

(2) 测量两个直流母排之间的电阻。

变流器在测试时需要设置与之配套的发电机参数,设置的发电机参数要与安装到风场后的发电机参数一致。

4) 齿轮箱测试

齿轮箱是风力发电机组的关键部件之一。在齿轮箱测试时,在润滑油入口处、油池、输入端和输出端等都会有温度测点测试齿轮箱运行温度。

为了查看表征齿轮箱运行状态的各个传感器的功能是否正常,机组在出厂前必须对各个传感器的功能进行测试。测试的主要内容包括以下几个方面:

(1) 分配器入口油温;

(2) 齿轮箱油池温度;

(3) 齿轮箱输入轴温度;

(4) 齿轮箱输出轴温度;

(5) 输出端轴承(风轮侧)温度;

(6) 输出端轴承(电机侧)温度;

(7) 加热器启停测试;

(8) 油位信号是否正常。

5) 发电机测试

发电机是风力发电机组运行时温度较高的部件,温升是发电机的重要性能指标,它综合反映了发电机的设计、制造水平和所用材料的质量。因此,对发电机进行出厂静态测试是十分必要的。

为了查看表征发电机运行状态的各个传感器的功能是否正常，机组在出厂前必须对该部件各个传感器的功能进行测试。测试的主要内容包括以下几个方面：

(1)发电机 U 相绕组、V 相绕组和 W 相绕组温度测试；

(2)发电机滑环室内温度测试；

(3)发电机绕组加热器测试；

(4)自动润滑系统测试；

(5)碳刷磨损检测；

(6)发电机编码器测试；

(7)发电机冷却功能测试。

6)偏航液压系统测试

偏航液压系统是风力发电机组的重要子系统之一，为了查看表征偏航液压系统运行状态的各个传感器功能是否正常，需要在工厂进行偏航液压系统的测试，测试的主要内容包括以下几个方面：

(1)限位开关测试；

(2)偏航半泄、全泄等功能；

(3)偏航磨损指示器信号检查；

(4)偏航编码器测试；

(5)偏航平台急停测试；

(6)偏航电机转动测试；

(7)系统压力检测；

(8)液压泵检测；

(9)偏航压力检测、保压；

(10)偏航半泄压力检测(二级)；

(11)手动泵测试；

(12)过滤器信号检查；

(13)油位、油温信号检查；

(14)高速轴制动压力。

7)润滑系统测试

润滑系统是风力发电机组的重要子系统之一，为了查看表征润滑系统运行状态的各个传感器功能是否正常，需要在工厂对其各项功能进行测试，测试的主要内容包括以下几个方面：

(1)偏航润滑分配器堵塞信号；

(2)主轴承润滑分配器堵塞信号；

(3)偏航润滑油位信号；

(4) 主轴承润滑油位信号;

(5) 变桨轴承润滑分配器堵塞信号;

(6) 变桨轴承润滑油位信号;

(7) 变桨油泵启停逻辑。

8) 变桨系统测试

为了验证变桨系统的各项功能是否满足设计要求,在工厂中需要变桨系统完成的主要测试内容包括以下几个方面:

(1) 开桨、顺桨功能;

(2) 动态跟随性能;

(3) 复位功能等。

9) 冷却系统测试

冷却系统测试的目的是验证冷却系统的各项功能是否满足设计要求,对冷却系统测试的主要内容包括以下几个方面:

(1) 齿轮箱冷却系统功能测试;

(2) 发电机冷却系统功能测试;

(3) 变流器冷却系统功能测试;

(4) 齿轮箱冷却泵电机转向;

(5) 发电机冷却泵电机转向;

(6) 变流器冷却泵电机转向;

(7) 各冷却系统信号及启停逻辑验证。

10) 风速仪、风向标测试

对风速仪、风向标进行正确接线,然后轻轻转动,观察其数据是否发生变化,可否正常工作。

3. 设备拖动试验

低风速风力发电机组在完成整机静态调试后,如果各项测试结果均正常,则开始整机的拖动试验。试验前,首先需要断开液压站电机过载保护开关,释放偏航系统压力和叶轮制动系统压力值至零。然后,开启各部件的冷却系统。最后,采用拖动变流器反向拖动发电机的方式,在设定的不同转速下进行试验。

6.2.2　传动链测试

低风速风力发电机组的传动链包括主轴、齿轮箱、联轴器和发电机等,其作用是将机械能传递到发电机的输入端,把主轴的低转速、高转矩转换成发电机的高转速、低转矩,这是风力发电机组的关键环节。对传动链进行测试,可以确保机组安全可靠运行。

低风速风力发电机组的能量传递路径是从叶片经过主轴，再经过齿轮箱到达发电机。其中，主轴与齿轮箱是刚性连接，齿轮箱与发电机通过联轴器连接。因此，传动链的效率主要取决于齿轮箱的效率。

图6-3中，被试齿轮箱和陪试齿轮箱是两台相同设计的齿轮箱(两者的差异可忽略)，测试时，由控制台发出指令，控制拖动电机和负载电机，待工况稳定时，由转速转矩仪1测得被试齿轮箱的转速和转矩，由转速转矩仪2测得陪试齿轮箱的转速和转矩，从而求得被试齿轮箱和陪试齿轮箱的功率。具体计算方法如下：

被试齿轮箱功率为

$$P_1 = \frac{M_1 n_1}{9550} \tag{6-1}$$

陪试齿轮箱功率为

$$P_2 = \frac{M_2 n_2}{9550} \tag{6-2}$$

传动链(齿轮箱)效率为

$$\eta = \sqrt{\frac{P_2}{P_1}} \tag{6-3}$$

式中，P_1和P_2分别为被试齿轮箱和陪试齿轮箱的功率(kW)；M_1和M_2分别为被试齿轮箱和陪试齿轮箱的转矩(N·m)；n_1和n_2分别为被试齿轮箱和陪试齿轮箱的转速(r/min)；η为传动链(齿轮箱)效率。

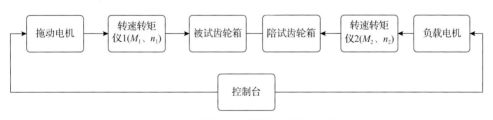

图6-3 电封闭齿轮箱测试装置组成

6.2.3 叶片模态测试

为了获取更多的风能，低风速风力发电机组往往拥有较大的扫风面积。近年来，叶片长度不断加长，叶片展向长度随之加长。在惯性力、弹性力和复杂气动负载力相互作用下，叶片会出现颤振现象。经典颤振问题是研究大型风力发电机叶片安全稳定运行的一个重要问题。水平轴风力发电机组叶片的经典颤振发生在叶片运行于低攻角状态的势流中，在气流流动基本附着无明显分离情况下，叶片扭转自由度和挥舞自由度产生了自激振荡。由于颤振分析研究涉及叶片结构，叶片周围复杂，存在非定常气动力以及叶片流固耦合等一系列复杂困难的问题，大部分经典颤振分析研究都集中于叶片定常气动力的颤振分析研究。目前引入非定常气动力的叶片经典颤振分析研究也局限于叶片气弹系统在静态点的颤振特性研究，叶片模态测试就是定常气动力测试的一部分，可以测试叶片的各阶固有频率及阻尼，通过固有频率及阻尼判断叶片发生颤振的临界条件。

1. 测试方法

本章以 63m 叶片为例，说明模态测试的基本过程和方法。首先，在叶片上安装加速度传感器，安装位置如图 6-4 所示。然后，利用数据采集系统采集激励产生的加速度信号，通过对采集数据的分析获得叶片的固有频率。在测量固有频率的挥舞一阶、二阶和摆振一阶、二阶时传感器安装位置如图 6-4 所示。

(a) 叶片示意图

(b) 振动测点布置图

图 6-4　挥舞和摆振方向振动测点布置

在测量固有频率的扭转一阶时传感器安装位置如图 6-5 所示。

2. 试验结果

增强型频域分解(enhanced frequency domain decomposition，EFDD)方法适合用来进行环境激励的模态分析，某型叶片通过模态测试得出的固有频率和阻尼比结果如表 6-1 所示，其模态振型如图 6-6 所示。

(a) 叶片示意图

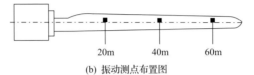

20m　　40m　　60m

(b) 振动测点布置图

图 6-5　扭转方向振动测点布置

表 6-1　固有频率和阻尼比

方向	激励点	一阶频率/Hz	阻尼比/%	二阶频率/Hz	阻尼比/%
拍向	天然脉动	0.962	1.206	2.680	0.458
	28 点	0.953	0.525	2.682	0.280
	27 点	0.951	0.909	2.683	0.323
	平均	0.955	0.88	2.682	0.354
摆向	天然脉动	1.646	0.248	5.140	0.199
	9 点	1.647	0.198	5.139	0.229
	14 点	1.647	0.196	5.138	0.231
	平均	1.647	0.214	5.139	0.220

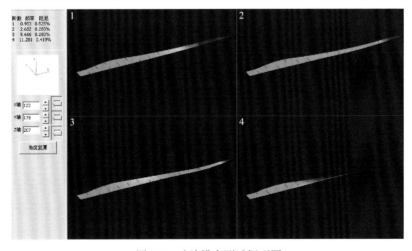

图 6-6　叶片模态测试振型图

6.2.4　全功率试验

全功率试验的目的是检验风力发电机组从空转、并网直至达到满载状态下机组发电及各个关键部件和子系统的性能是否达到设计要求，为机组出厂做质量保证。

全功率试验：原动机拖动风力发电机组旋转到相应转速后，控制机组并网并逐渐使机组达到满功率发电的试验过程。

1. 试验平台简介

双馈式风力发电机组全功率试验平台主要有以下几个部分：平台基础及固定部分、主传动轴测试部件和功率试验部分、试验平台配电部分、传感器参数测量部分、控制台和状态显示部分。全功率试验平台的系统组成如图 6-7 所示，全功率试验平台试验原理如图 6-8 所示。

2. 全功率试验过程

1) 空载测试

在机组完成机械装配、电装和校线检测后，在上电之前需要对机舱柜内的线路进行绝缘测试。在完成绝缘测试和进行全功率试验之前，需要在全功率试验平台上进行机组的静态测试。

原动机拖动机组至额定转速空转一段时间后，检查机组运行是否平稳、有无漏油等异常情况，并通过 PLC 主控采集和记录发电机、齿轮箱、主轴等部件的相关温度值。

2) 并网及全功率试验

并网及全功率试验过程分为如下步骤：

(1)同步试验。同步操作，波形截图。

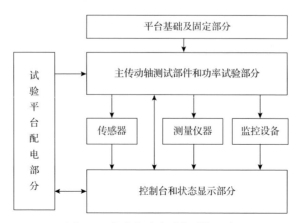

图 6-7　全功率试验平台系统组成

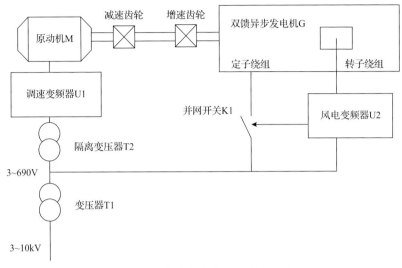

图 6-8 全功率试验平台试验原理

(2)并网试验。并网操作，波形截图。

(3)加载试验。加载操作，波形截图。

在全功率试验过程中的载荷按照由小到大的顺序逐渐加载，当加载到设定的转矩值时，按照设定的时长保持相应的时间间隔。

在试验过程中通过 PLC 主控采集和记录发电机、齿轮箱、主轴等部件的相关温度值，并通过软件记录加载过程中的全部数据和关键部件运行的波形截图。

6.2.5 低电压穿越/高电压穿越评估测试

根据国家标准规定，低速风力发电机组在接入电网时需提供相关并网测试报告，其中包括低电压穿越/高电压穿越报告，因为风力发电机组五大部件(变流器、主控制器、变桨系统、叶片、发电机)配型众多，如果每一种配型都完成风场实际测试，显然是不现实的，所以国家标准规定，除变流器和主控制器变化需要风场实际测试外，其他三大部件变化不需要风场实际测试，只需工厂测试，模型仿真评估。

本章重点阐述低电压穿越/高电压穿越变桨系统及发电机工厂测试部分，叶片评估主要通过仿真完成，本章不做介绍。

1. 低电压穿越测试

1)电动变桨系统平台测试

(1)测试过程中相关变量设置要求。

加载转矩为机型设计额定力矩的 1.2 倍或变桨电机额定转矩(取其中较大者)。

(2)测试方法。

通过加载系统给变桨电机加载,控制接触器断电3s后闭合,测试时同步记录变桨系统的转速/位置波形,对于以下每项测试连续进行两次:①三相失电,0°～90°;②三相失电,90°～0°;③三相失电,正弦波位置指令(周期T=20s,幅值A=20°);④两相失电,重做以上3项测试。

(3)评判标准。

在失电故障前后,变桨系统输出信号正确,变桨系统功能应执行正常。

2)发电机平台测试

(1)平台介绍。

测试平台由拖动电机、驱动变流器、测试发电机、测试变流器和电压跌落发生装置等组成。其中,电压跌落发生装置可以在短路点产生测试要求的电压跌落。

(2)测试步骤。

发电机平台测试的步骤如下:

①启动测试平台,确保测试平台各部件处于正常运行状态。

②空载测试。当发电机和变流器处于停机状态时,断开变流器(测试点处)高压侧和短路点的连接开关,通过电压跌落发生装置在短路点产生电压跌落,电压跌落规格为电压分别跌落至0.2p.u.和0.5p.u.,电压跌落持续时间分别为625ms和1214ms。

③检查空载测试的电压跌落幅值及时间是否满足要求,满足要求时进行负载测试。

④负载测试。在测试发电机和变流器运行的条件下,当发电机功率分别为大功率输出(大于额定功率的90%)和小功率输出(在额定功率的10%～30%)时,进行三相电压跌落和两相电压跌落测试。电压跌落规格为电压分别跌落至0.2p.u.和0.5p.u.,电压跌落持续时间分别为625ms和1214ms。测试时,在测试点采集三相电压、电流数据,采样频率至少应为5kHz。数据采集时间至少应为电压跌落前10s至电压正常后15s。负载测试的每个工况应重复进行两次。

2. 高电压穿越测试

1)电动变桨系统平台测试

(1)测试过程中相关变量设置要求。

加载转矩为机型设计额定力矩的1.2倍或变桨电机额定转矩(取其中较大者);电动变桨系统测试平台主要由上位机、加载系统、转矩传感器和变桨电机等组成。其中,加载系统可以采用对拖形式的加载电机,也可以采用质量块等其他方式模拟叶片载荷。进行变桨系统测试时可只测试其中一个变桨电机。

(2)高电压运行能力测试。

变桨系统的高电压运行能力测试旨在检验变桨系统在高电压的情况下,是否能够正常工作。

通过加载系统给变桨电机加载，变桨系统运行后设置电压升高，电压升高规格(幅值、对称/不对称类型、持续时间)依据相关国家/行业标准或根据风力发电机组高电压穿越形式试验工况设置，例如，设置三相和两相电压升高至130%额定电压(持续时间不小于500ms)、125%额定电压(持续时间不小于1s)和120%额定电压(持续时间不小于10s)。测试时同步记录变桨系统的转速/位置波形，不同电压升高工况下连续进行两次：①电压升高，0°～90°；②电压升高，90°～0°；③电压升高，正弦波位置指令(周期T=20s，幅值A=20°)。

(3)评判标准。

电压升高前后，变桨系统输出信号正确，变桨系统功能应执行正常。

2)发电机平台测试

(1)平台介绍。

为测试发电机在高电压发生时的响应特性，可利用高电压穿越测试平台对发电机进行测试。进行发电机平台测试时，配置变流器的参数及控制策略应与现场测试机组变流器保持一致。测试装置的参数及相关说明文件由风力发电机组制造商提供给评估机构。

(2)测试步骤。

发电机平台测试的步骤如下：

①启动测试平台，确保测试平台各部件处于正常运行状态。

②空载测试。当发电机和变流器处于停机状态时，断开变流器高压侧和故障点的连接开关，通过电压扰动装置在故障点产生电压升高，电压升高规格(幅值、对称/不对称类型、持续时间)依据相关国家/行业标准或根据风力发电机组高电压穿越形式试验工况设置，例如，设置三相和两相电压升高至130%额定电压(持续时间不小于500ms)、125%额定电压(持续时间不小于1s)和120%额定电压(持续时间不小于10s)。

③检查空载测试的高电压幅值及时间是否满足要求，满足要求时进行负载测试。

④负载测试。在测试发电机和变流器运行的条件下，当发电机功率分别为大功率输出(大于额定功率的90%)和小功率输出(在额定功率的10%～30%)时，进行电压升高测试，电压升高规格(幅值、对称/不对称类型、持续时间)依据相关国家/行业标准或根据风力发电机组高电压穿越形式试验工况设置，例如，设置三相和两相电压升高至130%额定电压(持续时间不小于500ms)、125%额定电压(持续时间不小于1s)和120%额定电压(持续时间不小于10s)。在高电压出现前至少1s至电压正常后至少5s时，采集测试点三相电压和电流数据，采样频率至少为5kHz。负载测试的每个工况应重复进行两次。

6.3　风　场　测　试

6.3.1　安全与功能测试

安全与功能测试是低风速风力发电机组形式认证中的一个必要环节，其目的是验证被测风力发电机组是否具有与设计预计相同的行为。目前测试规程一般依据GB/T 35792—2018《风力发电机组 合格测试及认证》(等同于 IEC 61400-22: 2010《风力发电机组 第22部分：合格试验及认证》)的要求进行。基于风力发电机组将安全系统与控制系统独立开来的设计理念，测试内容主要涵盖安全性和功能性两部分。

低风速风力发电机组具有大叶轮、高塔筒的特点，在安全和功能上的要求更为突出。整机制造商在进行该项测试中一般结合自身的设计特点，如机组的运行模式、保护系统的失效模式、系统逻辑与硬件的实现方案、关键传感器的选型、制动和状态监控等，进行安全与功能测试大纲的编制。此外，在未被载荷测量验证的情况下，被测风力发电机组还应在此项测试中验证在额定风速或额定风速以上的动力学特性。

在现场实施中，安全与功能测试根据 GB/T 35792—2018 验证控制功能、保护系统中的影响机组安全及操作性能的关键功能是否与设计一致，一般可按表6-2中的内容设计测试大纲方案。

表 6-2　安全与功能测试内容

序号	测试内容	测试条件	测试要求	测试数据
1	保护系统测试			
(1)	安全链保护测试			
①	紧急停机	切入风速、额定功率	在并网运行状态下通过按下急停按钮激活制动	
②	超速保护	小于80%额定风速、大于80%额定风速	在高速轴和低速轴分别触发转速过速激活制动	
③	振动保护	小于80%额定风速	由机舱振动保护激活制动	风速、风向、功率、机舱位置、叶轮转速、发电机转速、发电机转矩、桨距角、机械制动信号、制动压力、振动加速度、机组状态
④	过载保护	小于80%额定风速、大于80%额定风速	通过调整控制软件相应变量限值激活制动	
⑤	扭缆保护	小于80%额定风速、大于80%额定风速	任意方向上的扭缆保护激活制动	
⑥	主控制器失效	无限制	通过手动触发状态信号激活制动	
⑦	变桨急停	无限制	通过手动触发状态信号激活制动	

序号	测试内容	测试条件	测试要求	测试数据
⑧	变流器急停	无限制	通过手动触发状态信号激活制动	
⑨	电网掉电保护	额定功率	通过移除外部电源激活制动	
(2)			其他停机模式测试	
①	正常停机	切入风速至额定风速、额定风速以上	在并网运行状态下通过按下停机按钮激活制动	风速、风向、功率、机舱位置、叶轮转速、发电机转速、发电机转矩、桨距角、振动加速度、机组状态
②	主轴部件过温度	无限制	通过调整控制软件相应变量限值激活制动	
③	齿轮箱部件过温度	无限制	通过调整控制软件相应变量限值激活制动	
④	发电机部件过温度	无限制	通过调整控制软件相应变量限值激活制动	
2			控制功能测试	
①	大风/小风启机	切入风速至额定风速、额定风速以上	通过按下启动按钮激活运行 10min	风速、风向、功率、机舱位置、叶轮转速、发电机转速、发电机转矩、桨距角、机械制动信号、制动压力、振动加速度、机组状态
②	自动运行	额定风速以下、额定风速以上	通过 SCADA 历史数据核对机组运行情况	
③	变桨机构执行能力	无限制	通过手动控制单个叶片收桨和开桨动作	
④	发电系统速度调节能力	额定风速以下、额定风速以上	通过 SCADA 历史数据核对机组运行情况	
⑤	偏航机构转速能力	无限制	通过手动控制顺时针和逆时针偏航动作	
⑥	偏航阻尼及制动力矩	无限制	通过监控软件查看偏航液压站压力值变化	
⑦	偏航定位能力	无限制	通过手动控制偏航一周查看原始位置偏移	
⑧	解缆能力	无限制	通过手动控制偏航至解缆限值查看	
⑨	液压系统功能	无限制	通过监控软件查看液压站自动补压频率	
⑩	监控系统功能	无限制	通过操作监控界面实现相应功能	

续表

序号	测试内容	测试条件	测试要求	测试数据
3			补充载荷特殊工况测试	
①	带故障发电	切入风速至额定风速、额定风速以上	风向标偏离 20°以上运行 2min	风速、风向、功率、机舱位置、桨距角、振动加速度、机组状态
②	停机状态 1	切入风速至额定风速、额定风速以上	对风 90°和 180°下分别停机 10min	
③	停机状态 2	额定风速以上	对风 30°、0°和 –30°下分别停机 10min	

对于以上每项测试，在测试大纲中应详细描述测量的物理量、设备(数据采集系统、控制系统)的校准和运行设置，任何需要的特殊执行机构(如电气开关等)，以及与测试有关的额外条件需求确认可以按照测试方案中的描述顺利完成试验。数据分析应包括测量的关键物理量的时间序列图或反映数据变化的统计计算值图表，并分析包含数据中显示的整个系统的关键固有频率。

6.3.2 整机性能测试

低风速风力发电机组在风场完成安全与功能测试后进入试运行阶段。机组在试运行阶段，需要定期采集机组的运行数据，并对机组的运行性能进行分析。

样机的运行性能测试包括以下几项重要内容：①出力性能测试；②载荷测试；③噪声测试；④整机散热性能测试；⑤电能质量测试；⑥低电压穿越及高电压穿越测试；⑦电网适应性测试；⑧振动测试；⑨塔筒模态测试。

以上几项性能测试的工作，其中振动测试和塔筒模态测试可以在样机安装、调试的过程中同步进行，其他测试项目需要在样机调试完毕并且稳定运行后进行。

1. 出力性能测试

出力性能是风力发电机组重要的性能指标之一，由于风力发电机组由多个系统和部件构成(叶片、主传动轴、变桨系统、偏航系统、电气系统等)，而每个系统或部件对机组的出力性能均有影响，机组的出力性能分析难度较大，目前国际国内尚未有系统完整的风力发电机组出力性能评价标准或方法。

对于机组的出力性能测试分析，可以从以下两个方面展开：①整机的出力性能；②子系统或部件的出力性能。

1) 整机出力性能测试

整机出力性能通常可以通过功率曲线或 C_P 曲线进行评价，因此整机出力性能的测试方法可以参考 IEC 61400-12-1: 2005，即我国标准 GB/T 18451.2—2012《风力发电机组 功率特性测试》。随着风力发电机组技术不断发展，新机型的叶片不断加长,塔筒高度不断增大,而低风速风力发电机组一般所在风场地形条件更为复杂。这些因素会导致湍流强度高、风切变效应明显、风向变化频繁。为了应对这些复杂的测试环境,减小测量的不确定度,IEC 推出了 IEC 61400-12-1: 2017,即我国标准 GB/T 18451.2—2021《风力发电机组 功率特性测试》的 2.0 版本(以下简称为 2.0 版本),该版标准考虑了风切变、风向变化等因素。

2.0 版本对被测风力发电机组和测风塔周围障碍物的评估,取消了根据公式估计障碍物对测风塔或风力发电机风速的影响,取而代之的是利用查表的方法判断障碍物是否会影响功率特性测试,如表 6-3 所示。

表 6-3 障碍物要求

距离 L_z[①]	扇区 b[②]	障碍物偏离地表的最大高度[③]
<2L	360°	<1/3(H–0.5D)
2L~4L	初步测量扇区	<2/3(H–0.5D)
4L~8L	初步测量扇区	<(H–0.5D)
8L~16L	初步测量扇区	<4/3(H–0.5D)
2L~16L	初步测量扇区外 40°或更大	无高度限制

注:①L_z 为障碍物与被测风力发电机组的距离或障碍物到测风设备的距离;L 为被测风力发电机组与测风设备的水平距离。

②初步测量扇区应理解为对邻近运行的风力发电机组评估后的有效区域,同时也应考虑外部小于 40°的所有方向。

③H 为被测风力发电机组轮毂高度;D 为被测风力发电机组风轮直径。

2.0 版本对地形变化的评估增加了新的内容。第一,扩大了地形变化评估的范围,由原来的 8L 增加到 16L;第二,改变了地形变化的评估标准;第三,引入了地形变化的计算模型,给测试人员提供了良好的指导。如表 6-4 和表 6-5 所示,2.0 版本中增加了地形变化的要求。

表 6-4 2.0 版本中的地形变化要求

距离	扇区[①]	最大倾角/%	地形偏离平面的最大偏差
<2L	360°	<3[②]	<1/3(H–0.5D)
2L~4L	测量扇区	<5[②]	<2/3(H–0.5D)
2L~4L	测量扇区之外	<10[③]	不适用
4L~8L	测量扇区	<10[②]	<(H–0.5D)
8L~16L	测量扇区	<10[③]	不适用

注:①默认为将测量扇区理解为剩余有效扇区,也允许使用较小的测量扇区;

②为与扇区地形最吻合、并通过塔架基础平面的最大倾角;

③为将塔架基础连接到地段内地形表面上的各个地形点的最陡坡度线。

表 6-5　1.0 版本中的地形变化要求

距离	扇区①	最大倾角/%	地形偏离平面的最大偏差
<2L	360°	<3①	<0.04(H−0.5D)
2L~4L	测量扇区	<5①	<0.08(H−0.5D)
2L~4L	测量扇区之外	<10②	不适用
4L~8L	测量扇区	<10①	<(H−0.5D)

注：①为与扇区地形最吻合、并通过塔架基础平面的最大倾角。
②为连接塔架基础和扇区内的每个地形点的直线的最大倾角。

2) 场地标定流程

在 2.0 版本功率特性测试标准中，明确说明了场地标定的流程，并且风切变的测量在该流程中占据了很大部分，可以看出 IEC 在测试技术方面对大叶片、高塔筒机组的发展方向的布局。2.0 版本中对场地标定过程中的风速修正提出了两种方法，分别是风切变区间法和线性回归法。

风切变区间法使用的前提是测试机组的风切变比较明显，对风速的影响较大。标准中将风向和风切变分别划分成多个区间，风向按照 10°间隔划分，风切变按照 0.05 区间划分，并且每个风速和风切变的区间均规定了相应的数据量指标。如果风切变区间之间的变化导致场地标定系数变化值大于一个或多个风向区间的风向校准不确定度的两倍，则需要将风切变区间和风向区间一同考虑；反之，则只需考虑不同风向区间的风速修正，并且可以利用线性回归法进行分析。

线性回归法的使用条件为风切变对风速的影响不明显。测试人员只需将风速按照不同的风向区间划分，再利用最小二乘法对每个风向区间的风速数据进行线性回归拟合，得到 $y = m + bx$ 的形式，其中 m 为截距，b 为斜率，y 为修正后机组所在位置风速，x 为参考点风速。需要注意的是，每个风向区间至少包含 24h 数据，且大于 8m/s 的风速和小于 8m/s 的风速均不可少于 6h。

3) 功率测试设备要求

对于功率测试设备的量程，2.0 版本比 1.0 版本有所降低，1.0 版本要求功率变送器的量程应为测试风力发电机额定功率的 −50%~200%，2.0 版本改为 −25%~125%。

4) 风速仪的要求

由于风力发电机叶片越来越大，1.0 版本只测量轮毂高度的风速已经无法代表风力发电机叶轮实际收到的风速大小(表 6.6)，因此 2.0 版本中提出了一个叶轮等效风速的全新概念，该方法将叶轮在不同高度分成若干个界面，再将不同高度的风速合成一个风速，即叶轮等效风速，该方法可以有效降低测试的不确定度。叶轮等效风速的计算公式为

$$V_{eq} = \left(\sum_{i=1}^{n_h} V_i^3 \cdot \frac{A_i}{A} \right)^{1/3} \tag{6-4}$$

式中，V_i 为不同截面高度的风速；A_i 为不同截面高度的叶轮面积；A 为风轮扫风面积；n_h 为截面数量。

表 6-6 不同叶轮风速测量方法使用条件

风速测量	HH		REWS	
地形类型	非复杂地形	复杂地形	非复杂地形	复杂地形
轮毂高度测风塔	√	√		
轮毂高度测风塔+遥感设备	√	√	√	
遥感设备+非轮毂高度测风塔	√		√	
高于轮毂高度+2/3 风轮半径的测风塔	√	√	√	√

注：HH 表示轮毂高度；REWS 表示风轮面等效风速；√表示允许的配置。

在目前功率特性测试中风速基本选用风杯式风速仪进行测量，2.0 版本还采纳了其他形式的风速仪，如超声波风速仪、激光雷达、声波雷达等，但激光雷达和声波雷达仅限于地面安装，且使用时必须用测风塔进行标定。

5）气象设备的安装

2.0 版本中，对气象设备的安装方式也提出了新的要求，降低了测风塔对传感器的影响。

6）数据处理

2.0 版本中，对个别测试数据提供了新的修正方法。

对于空气密度，2.0 版本要求其测量位置距轮毂高度不能超过 10m，且需要将测试结果修正到轮毂高度处，修正方法可参考 ISO 2533: 1975《标准大气》。

场地标定系数可根据风切变强度的大小进行修正。

2.0 版本考虑了测风塔周围的扰流对安装在横杆上风速仪的影响，并且根据测风塔不同的结构形式给出了对应的修正系数计算方法，如表 6-7 所示。

表 6-7 针对各种桁架测风塔推力系数 C_t 的评估方法

测风塔类型	截面	C_t 表达式	有效区间
方形截面，尖边支撑		$4.4(1-S)S$	$0.1 < S < 0.5$
方形截面，圆支撑		$2.6(1-S)S$	$0.1 < S < 0.3$
三角形截面，圆支撑		$2.1(1-S)S$	$0.1 < S < 0.3$

2.0 版本中对风切变系数也有相应的定义，即叶轮等效风速与轮毂高度处风速的比值，该值表征了某一特定风速下可用动能与风切变和风转向轮廓线的关系，即

$$f_r = \frac{V_{\mathrm{eq}}}{V_h} \tag{6-5}$$

2.0 版本还采用空气湿度对空气密度进行标准化，即

$$\rho_{10\min} = \frac{1}{T_{10\min}}\left(\frac{B_{10\min}}{R_0} - \varphi P_w\left(\frac{1}{R_0} - \frac{1}{R_w} \right) \right) \tag{6-6}$$

如果叶轮与风速来流方向不正交，则会影响机组的出力性能。为了消除风转向对测试结果带来的影响，2.0 版本利用风向数据对叶轮等效风速进行修正，即

$$V_{\mathrm{eq}} = \left(\sum_{i=1}^{n} (V\cos\phi_i)^3 \frac{A_i}{A} \right)^{1/3} \tag{6-7}$$

7) 风速仪场内标定

为了保证测试精度和准确性，风速仪在测试之前和测试之后都需要进行风洞试验，如果两次试验的结果相同，则表明风速仪的精度没有下降，测试数据可用。2.0 版本中提出了一种利用参考风速仪对主风速仪进行标定的方法，节省了测试后风洞试验的环节。该方法的主要思路是利用两个风速仪的数据生成一个对应关系函数，再采用其他时间段的数据进行验证。

具体做法如下：

利用测试数据生成两个数据库，第一个数据库包含两个风速仪在整个测试阶段的数据，第二个数据库包含两个风速仪在测试阶段后期的数据，数据库可按照风速 1m/s 间隔+风向 10°间隔或风速 4m/s 间隔+风向 10°间隔保存。

如果采用风速 1m/s 间隔+风向 10°间隔，主风速仪的预测风速公式为

$$V_{\mathrm{primary\_est}} = m V_{\mathrm{control}} + b \tag{6-8}$$

如果采用风速 4m/s 间隔+风向 10°间隔，主风速仪的预测风速公式为

$$V_{\mathrm{primary\_est}} = \frac{V_{\mathrm{primary},i} - V_{\mathrm{primary},i-1}}{V_{\mathrm{control},i} - V_{\mathrm{control},i-1}}\left(V_{\mathrm{control},i} - V_{\mathrm{control},i-1} \right) + V_{\mathrm{primary},i-1} \tag{6-9}$$

风速仪精度评价公式及标准为

$$\gamma = \frac{\sum\left(V_{\mathrm{primary\_est}} - V_{\mathrm{primary}} \right)}{n} \tag{6-10}$$

$$\sigma = \frac{\mathrm{stdev}(\gamma)}{\sqrt{n}} = \frac{\sqrt{\dfrac{\sum\left(V_{\mathrm{primary\_est}} - V_{\mathrm{primary}}\right)^2}{n}}}{\sqrt{n}} \qquad (6\text{-}11)$$

$$\delta = \sqrt{\gamma^2 + \sigma^2} < 0.1\,\mathrm{m/s} \qquad (6\text{-}12)$$

8）功率特性评价方法

IEC 标准虽然给出了功率曲线的测试方法，但并没有测试结果的评价标准。目前可以参考 GB/T 20319—2017《风力发电机组 验收规范》中定义的功率曲线考核计算方法，将担保功率曲线替换为设计功率曲线，计算得到的功率曲线评价值 k 不低于 95%：

$$k = \frac{\mathrm{AEP}_{\mathrm{infer}}}{\mathrm{AEP}_{\mathrm{design}}} \times 100\% \qquad (6\text{-}13)$$

式中，k 为功率曲线评价值；$\mathrm{AEP}_{\mathrm{infer}}$ 为根据实际或特定的风速分布以及实际功率曲线推算出的年发电量（$\mathrm{kW \cdot h}$）；$\mathrm{AEP}_{\mathrm{design}}$ 为根据实际或特定的风速分布以及设计功率曲线推算出的年发电量（$\mathrm{kW \cdot h}$）。

9）子系统或部件的出力性能测试

（1）偏航对风性能测试。

随着风力发电机组逐步向低风速、超低风速区发展，对叶片的气动性能提出了新的要求。如何准确地评估叶片的气动性能也是目前整机厂商关注的焦点。在风场对风力发电机叶片气动性能的测试有直接测量法和间接测量法。

测量叶片的气动性能也就是测量叶片捕获风能的能力。风功率的表达式为

$$P_W = \frac{1}{2}\rho A V^3 \qquad (6\text{-}14)$$

式中，ρ 为空气密度；V 为风速；A 为风轮扫风面积。

叶轮捕获风能后，将其转换成自身旋转的动能传递至主轴，叶轮输出的功率即主轴输入的功率：

$$P_m = M_m \Omega_m = P_W \eta_1 \qquad (6\text{-}15)$$

则

$$\eta_1 = \frac{M_m \Omega_m}{P_W} \qquad (6\text{-}16)$$

式中，M_m 为主轴转矩，可通过应变片测量，测量方案可参考 IEC 61400-13: 2015《风力发电机组 第 13 部分：机械负载的测量》中的主轴转矩测量方法；Ω_m 为主轴旋转角速度，可通过主控或 SCADA 采集；η_l 为叶轮风能利用系数，将不同风速段下的风能利用系数绘制在同一个坐标系中，即得到叶片气动性能。

(2) 变桨系统性能测试。

变桨系统性能测试可拆分为不同工况下的测试，如启停机阶段、额定风速阶段以及特殊工况条件等。

启停机阶段的变桨策略大多与风速测量准确度有关，因此机舱风速仪测量结果是该工况影响变桨策略准确度的主要决定因素。

在某些特殊或极端工况下的变桨动作，其主要功能是降低机组载荷，但某些时候这些变桨动作也会影响机组的处理性能，测试人员需要对这些变桨动作对载荷控制的贡献度及机组处理性能的损失度进行准确、合理的评价。在此项工作中，载荷的测量方法可以参照 IEC 标准，对叶片根部、主轴、塔筒顶部、中部、底部等关键部位的载荷进行测量。

(3) 传动链效率测试。

传动链的定义可分为狭义传动链和广义传动链，狭义传动链是从风力发电机主轴至联轴器部分的传动系统，广义传动链在此基础上还包含了叶轮部分，此处的传动链特指狭义传动链。传动链效率测试在实际场地很难进行，其效率值可以在工厂进行测试。

2. 载荷测试

载荷测试是风力发电机组形式测试中的一个重要检测项，其目的是验证载荷仿真模型，并评估机组的载荷设计与实际运行中的一致性符合程度。测试规程一般依据 IEC 61400-13: 2015《风力发电机组 第 13 部分：机械负载的测量》的要求进行。基于风力发电机组基本结构载荷的特点，测试内容主要涵盖了对叶片载荷、叶片根部载荷、风轮载荷、塔架载荷等主要承载部件的测量和分析。

在风力发电机组的结构设计过程中，对载荷的全面了解和准确量化是极为重要的。在设计阶段，利用气动模型和标准可以对载荷进行预测。然而，由于这种模型存在缺陷和不确定因素，一般需要通过测量来验证。通过对主要承载部件进行载荷信号采集并加以分析，检查机组在实际工况下所受的疲劳程度，从而对疲劳寿命进行准确的预测。机械载荷的测量结果既是整机认证的基础，也是设计的基础。

按照 IEC 61400-13: 2015 针对风力发电机组，特别是大型风力发电机组(输出功率大于 1500kW、风轮直径大于 75m)的载荷测试，规定了整个测试程序中涉及的场地选择、信号选择、数据采集、标定、数据验证、测量载荷工况、俘获矩阵和数据处理等方面的设计。

1)场地选择

基于对风速和湍流强度的测量要求，在载荷测试中应尽量选择具有高湍流特征的测试场地，以便于实现对风力发电机组动力学特性的激励。并且测试场地需按照 GB/T 18451.2—2021《风力发电机组 功率特性测试》标准完成障碍物评估和地形评估。当测试场地不满足以上标准的要求时，还需进行场地标定，将测风塔处的风速等气象数据与被测风力发电机组处建立起较好的对应关系。

载荷测试中轮毂高度处风速的准确度要求不像对功率性能测试要求那样严格。然而，如果对于可能具有大气流校正系数的复杂地形没有进行场地标定，则可能会导致测试数据不适于模型验证。

2)信号选择

为了反映风力发电机组的载荷特性,把应测量的相关物理量分为载荷信号(包括叶片载荷、风轮载荷和塔架载荷等)、气象参数(包括风速、风向、空气密度等)、运行参数(包括功率、转速、桨距角和偏航角等)。根据 IEC 61400-13: 2015 的规定，表 6-8～表 6-11 中列出了必须测量和推荐测量的物理量。

表 6-8　基本载荷

载荷	重要程度
叶片根部弦垂向弯矩	1 个叶片必须测量，其他叶片推荐测量
叶片根部弦向弯矩	1 个叶片必须测量，其他叶片推荐测量
风轮俯仰力矩	必须
风轮偏航力矩	必须
风轮转矩	必须
塔底法向力矩	必须
塔底横向力矩	必须

表 6-9　附加载荷

载荷	重要程度
叶片弦垂向弯矩分布	2 个叶片必须测量，其他叶片推荐测量
叶片弦向弯矩分布	2 个叶片必须测量，其他叶片推荐测量
叶片根部弦垂向弯矩	2 个叶片必须测量，其他叶片推荐测量
叶片根部弦向弯矩	2 个叶片必须测量，其他叶片推荐测量
叶片扭转频率和阻尼	推荐
变桨驱动载荷	1 个叶片必须测量

载荷	重要程度
塔顶法向加速度	必须，在用于控制器反馈时
塔顶横向加速度	必须，在用于控制器反馈时
塔中法向力矩	推荐
塔中横向力矩	推荐
塔顶法向力矩	必须
塔顶横向力矩	必须
塔架转矩	必须

注：输出功率大于1500kW、风轮直径大于75m的机组必须测量。

表 6-10　气象参数

物理量	重要程度
轮毂高度处风速	必须
垂直风切变(低于轮毂高度)	必须
垂直风切变(高于轮毂高度)	推荐
垂直风切变	推荐
轮毂高度附近的上升流角/入流倾角	推荐
轮毂高度处的湍流强度(水平)	必须
轮毂高度处的风向	必须
空气密度	必须
轮毂高度处的湍流强度(三维)	推荐
结冰可能性	推荐
大气稳定度	推荐

表 6-11　风力发电机组运行参数

参数	重要程度
电功率	必须
风轮转速或发电机转速	必须
偏航误差	必须
风轮方位角	必须
变桨位置	必须
变桨速率	必须(可以由变桨位置推导)

参数	重要程度
制动器状态	必须
制动力矩(制动压力)	推荐
风力发电机组状态	必须(包括并网、故障、限功率、模式改变等)

3)数据采集

载荷传感器是对某个系统或部件所承受的载荷进行直接或间接测量的装置。常用装置包括应变计、测力计和转矩管等。对于风力发电机组,很少能将测力计置于主载荷路径中。因此,一般选用应变计作为载荷测量的装置。

3. 噪声测试

随着风力发电的发展,风力发电机组的噪声问题也逐渐引起人们的重视。近几年,风电场附近的居民对风力发电机组噪声烦扰的投诉越来越多,严格控制风电场噪声限值对评定风力发电机组的质量、人们的日常生活、生物的正常作息有重要意义。风力发电机组的噪声主要分为气动噪声、机械噪声及结构噪声。叶片在高速下切割气流会产生气动噪声,机械噪声主要包括齿轮噪声、轴承噪声、周期作用力激发的噪声和电机噪声等。

风力发电机组噪声测试依据如下标准开展:

(1)GB/T 22516—2015《风力发电机组 噪声测量方法》。

(2)IEC 61400-11: 2018《风力发电机组 第11部分:噪声测量技术》。

1)声学测量

测试前应选好测试机位,被测风力发电机组运行稳定,并对该机组载入测试用主控程序。如图6-9所示,传声器放在1个基准位置和3个可选测量位置,测量这4个位置时应围绕风力发电机组塔架垂直中心分布。定义下风向测量位置1为基准位置。

在测量时,各个位置相对于风向的偏差应在±15°,从风力发电机组塔架垂直中心到各传声器位置的水平距离为R_0,允许偏差为±20%,测量精度为±2%。水平轴的风力发电机机组基准位置R_0计算公式如下:

$$R_0 = H + \frac{D}{2} \tag{6-17}$$

垂直轴的风力发电机机组基准位置R_0由式(6-18)计算:

$$R_0 = H + D \tag{6-18}$$

式中，H 为从地面到风轮中心的垂直距离；D 为风轮直径。

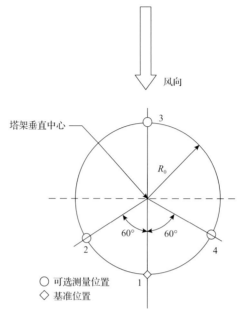

图 6-9　传声器测量位置标准布置图

选择测量位置时应考虑便于计算任何反射物所造成的影响，如建筑物或墙壁的影响应小于 0.2dB。

声学测量应对各区域中心风速下风力发电机组辐射噪声的下列特征信息进行测定：①A 计权视在声功率级；②A 计权 1/3 倍频程声压级；③音调可听度。

其他测量选项包括指向性、次声、低频噪声和脉动特性。

2) 非声学测量

非声学测量包括机组运行数据(机组风速、功率、风轮转速及桨距角等)和测风塔气象数据采集(风速、风向、温度和气压)。在背景噪声测量中，所使用的风速仪应置于至少 10m 高度的测风塔上。为了确保测风塔测量风速、轮毂高度处风速与传声器位置风速之间的相关性，图 6-10 给出了测风塔位置的指导。

测试过程中，检测用的风速仪不应在其他风力发电机风轮或其他构筑物的尾流内，风力发电机尾流影响区域可延伸至风力发电机组下风向 10 倍叶轮直径处。风速仪和风向传感器的放置应使其互不干扰。

设备安装后，将设备上电，检查信号是否正确。对于麦克风设备，要通过声音校准器进行现场校准。

测试期间，要保证测试麦克风设备在风力发电机下风向±15°。若出现风力发电机大角度偏航，需要人工将设备进行移位，并且时刻关注附近是否存在干扰源

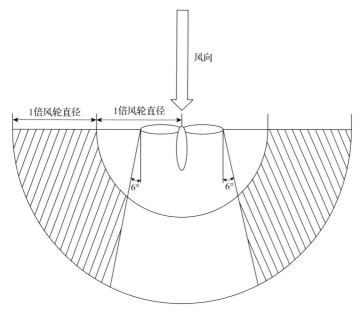

图 6-10　测风塔的合理位置(阴影区域)

(如来自飞机、汽车的声音)，并记录此刻时间段。

标准 DL/T 1084—2021《风力发电场噪声限值及测量方法》，规定了风电场运行时的噪声限值和测量方法，适用于风电场项目规划、设计和运行管理的噪声评价、竣工验收、日常监督监测。该标准依据声环境功能区分类，给出了风电场噪声限值，如表 6-12 所示。

表 6-12　风电场噪声限值

声环境功能区	噪声限值/dB	
	昼间	夜间
0 类区域	50	40
1 类区域	55	45
2 类区域	60	50
3 类、4 类区域	65	55
其他区域	65	65

注：①夜间噪声排放最大声级不能超过本表中相应区域限值 15dB。

②当风电场周围有噪声敏感建筑物或规划为噪声敏感建筑物用地时，风电场噪声限值按 2 类区域要求。

③本限值适于有噪声敏感建筑物或规划为噪声敏感建筑物用地的风电场。

④一般情况下，昼间指 6:00～22:00；夜间指 22:00～次日 6:00。当地人民政府另有规定的按当地人民政府划定的时段执行。

0 类区域指位于城市或乡村的康复疗养区、高级住宅区，以及各级人民政府划定的野生动物保护区(指核心区和缓冲区)等特别需要安静的区域。

1 类区域指城市或乡村中以居民住宅、医疗卫生、文化教育、科研设计、行政办公为主等需要保持安静的地区，也包括自然或人文遗迹、野生动物保护区的试验区、非野生动物类型的自然保护区、风景名胜区、宗教活动场所等具有特殊社会福利价值的需要保持安静的区域。

2 类区域指城市或乡村中以商业物流、集市贸易为主，或者工业、商业、居住混杂需要维护住宅安静的区域。

3 类区域指城市或乡村中的工业、仓储集中区等需要防止工业噪声对周围环境产生严重影响的区域。

4 类区域指交通干线两侧的区域、远离居民区的空旷区域、戈壁滩等对噪声不敏感的区域。

近几年，为了减少噪声辐射、减振降噪，风力发电机组的整机厂家在机组的结构、材料、工艺等设计方面有了很大的改善。噪声控制主要从噪声源、噪声传播途径和噪声接受者方面进行。减小风力发电机组机械噪声的主要途径有提高工艺和安装精度，使齿轮箱和轴承保持良好的润滑条件，减少摩擦力，还可以在接近力源的地方切断振动传递的途径，如以弹性连接代替刚性连接，或采取高阻尼材料吸收机械部件的振动能量，以降低噪声。随着叶片长度的增大，风力发电机组的气动噪声不容小觑，依据仿生学在叶片上应用锯齿降噪技术，改进叶片翼型设计、阻尼减振等方法都可以降低叶片噪声。除降低机组整体噪声外，也可以利用噪声源定位系统，确定声源位置，结合振动测试，对机组部件性能和故障诊断进一步细化分析。

4. 整机散热性能测试

良好的机舱环境和合理的机舱温度是风力发电机组安全运行的有力保障。有效改善机舱环境、降低机舱温度，可以减少风力发电机组的停机时间，提高风力发电机组的并网运行时间，切实保障风电场的安全运行，提高风电场的运行效率和经济效益。

双馈式风力发电机组的热源主要有齿轮箱、发电机和机舱柜。陆上低风速风力发电机组齿轮箱通常采用油-空气冷却方式，受齿轮箱上方驱动单元轴流风力发电机驱动，机舱内的空气由齿轮箱换热器吸入，经过换热芯体与润滑油换热后从机舱顶部排风口排出机舱；发电机通常采用空气-空气冷却方式，受发电机上方驱动单元轴流风力发电机或离心风力发电机驱动，机舱内的冷却空气从机舱内前部由发电机空冷换热器吸入，经过换热芯体受热后从机舱尾部排风口排出机舱；机舱柜通常采用空冷方式，依靠其门上的风扇，驱动机舱内空气完成热循环。从上述内容可以看出，风力发电机组的一些容易产生热量的重要元器件都配备了散热功能，使其能够保持在正常工作温度下运行，但如果机舱内部与外部不能进行有效的热交换，导致机舱、塔筒内部温度过高，也会影响这些设备或元器件的散热性能。

目前各大整机厂商对于风力发电机组散热性能的设计，主要依靠 CFD 软件对机组内部(包括机舱和塔筒)的温度场进行模拟，但该方法受仿真模型、边界条件等因素影响较大。对整机温度场进行测量是评估仿真模型优劣的重要手段和有效方法。

5. 电能质量测试

并网型风力发电机组电能质量测试是指与电网三相连接的单台风力发电机组，现场检测和评估风速低于 15m/s 时机组所有运行范围内的电能质量特性参数。当风速高于 15m/s 时不要求进行测量，这是因为高风速很少出现，如果在高风速时测量一般只会延长测试周期，而且也不会明显改善风力发电机组电能质量特性参数的测试结果。测量得到的特性参数只对特定配置的风力发电机组产品有效，其他配置的机组，包括改变控制参数也会引起风力发电机组电能质量的变化，就需要另行评估，评估可通过仿真实现。

并网型风力发电机组电能质量测试分为短期和长期两个阶段，短期阶段主要针对电压波动、闪变、切换操作以及谐波、间谐波和高频分量。长期阶段主要收集与风速相关的机组有功功率和无功功率的数据，长期阶段测试包括风力发电机组最大设定有功功率的验证、升速率限制、有功设定值控制，无功功率测量包括最大感性无功和容性无功测量、无功设定值的控制能力。此外，还包括电网保护测试以及断电重并网时间测试。

6. 低电压穿越及高电压穿越测试

1)故障电压曲线

风力发电机组低电压穿越能力：当电网故障或扰动引起电压跌落时，在一定的电压跌落范围和时间间隔内，风力发电机组保证不脱网连续运行的能力。

风力发电机组高电压穿越能力：当电网故障或扰动引起电压升高时，在一定的电压升高范围和时间间隔内，风力发电机组保证不脱网连续运行的能力。

图 6-11 为风力发电机组故障电压穿越曲线，当风力发电机组并网点电压处于两条曲线之内时，要求风力发电机组不脱网连续运行；当风力发电机组并网点电压处于两条曲线之外时，风力发电机组可以从电网切出，电压故障考核类型一般为三相对称电压故障和两相不对称电压故障。

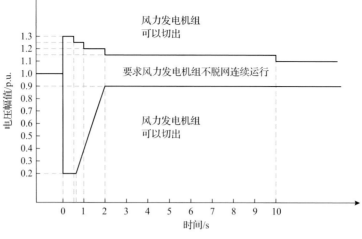

图 6-11　风力发电机组故障电压穿越曲线

2) 故障电压穿越要求

(1) 低电压穿越要求。

风力发电机组应具有在机组并网点电压跌落至 0.2p.u.时不脱网连续运行625ms 的能力，对有功和无功需满足以下要求：

①有功恢复。对于电压跌落期间没有脱网的风力发电机组，自电压恢复至正常时刻开始，有功功率应以至少每秒 $10\%P_n$ 的功率变化率恢复至实际风况对应的输出功率。

②动态无功支撑能力。当风力发电机组并网点发生三相对称跌落时，自并网点电压跌落时刻开始，动态无功电流控制的响应时间不大于 75ms，持续时间不少于 550ms。

风力发电机组提供的动态无功电流应满足式(6-19)要求：

$$I_T \geqslant 1.5 \times (0.9 - U_T)I_n, \quad 0.2 \leqslant U_T \leqslant 0.9 \qquad (6\text{-}19)$$

(2) 高电压穿越要求。

风力发电机组应具有在机组并网点电压升高至 1.3p.u.时不脱网连续运行500ms 的能力，对有功和无功需满足以下要求：

①有功恢复。电压升高期间，没有脱网的风力发电机组，输出功率应为实际风况对应的输出功率。

②动态无功支撑能力。当风力发电机组并网点电压处于标称电压的110%～130%时，风力发电机组能够注入无功电流支撑电压恢复，自并网点电压升高出现的时刻开始，无功电流控制的响应时间不大于40ms。

风力发电机组注入电力系统的无功电流应满足式(6-20)要求：

$$I_T \geqslant 1.5 \times (U_T - 1.1) I_n, \quad 1.1 \leqslant U_T \leqslant 1.3 \tag{6-20}$$

(3)低、高电压连锁故障穿越要求。

风力发电机组应具有在规定的电压、时间范围内不脱网连续运行的能力，对有功和无功需满足以下要求：

①有功恢复。当发生低、高电压连锁故障时，当低电压穿越结束，电网电压恢复至 0.9p.u.以上时，有功功率应以每秒 $10\% P_n$ 的功率变化率恢复至实际风况对应的功率，电压升高期间保持输出功率为低电压穿越结束后的功率恢复特性或实际风况对应的输出功率。

②动态无功支撑能力。当风力发电机组并网点电压发生三相对称电压故障时，风力发电机组在低、高电压连锁故障穿越过程中应具有以下动态无功支撑能力：

电压跌落期间满足式(6-19)。电压升高期间满足式(6-20)。

(4)低、高电压穿越能力测试条件。

测试时应满足以下条件：

①测试点的短路容量应至少为风力发电机组额定容量的 3 倍；

②风力发电机组故障电压穿越能力测试的测试点应位于机组升压电压器的高压侧；

③电压故障造成的风电场中压电网母线电压偏差应在当地电网允许的电压偏差范围内。

7. 电网适应性测试

(1)电压范围。

当风电场并网点电压在标称电压的 90%～110%时，风力发电机组应能正常运行；当风电场并网点电压超过标称电压的 110%时，风电场运行状态需具备高电压穿越能力。

当风电场并网点的闪变值满足 GB/T 12326—2008《电能质量 电压波动和闪变》、谐波值满足 GB/T 14549—1993《电能质量 公用电网谐波》、三相电压不平衡度满足 GB/T 15543—2008《电能质量 三相电压不平衡》的规定时，风电场内的风力发电机组应能正常运行。

(2)运行频率范围。

如表 6-13 所示，风电场运行频率在规程要求的偏离范围内，风力发电机组应能正常运行。

8. 振动测试

目前，振动测试是对风力发电机组传动链测试最成熟的技术之一，也是应用

表 6-13 风电场运行频率要求

电力系统频率范围/Hz	要求
<48	根据风电场内风力发电机组允许运行的最低频率而定
48~49.5	每次频率低于 49.5Hz 时要求风电场具有至少运行 30min 的能力
49.5~50.2	连续运行
>50.2	每次频率高于 50.2Hz 时，要求风电场具有至少运行 5min 的能力，并执行电力系统调度机构下达的降低出力或高周切机策略，不允许停机状态的风力发电机组并网

最广泛的技术之一。风力发电机组传动链振动测试的目的是检查传动链是否正常运行、各部分的关键零部件(如轴承、齿轮等)是否有损伤，从而确保机组安全稳定运行。

振动测试通过对传动链的机械振动信号进行采集和数据处理，然后根据振动的波形、振幅和频谱等进行故障分析。振动信号中包含了丰富的传动链状态信息，其中不仅有齿轮和轴承等旋转部件的相关特征频率信息，还有机械部件的固有频率等信息。采用振动测试并分析振动信号的方法，可以对大部分的传动链故障进行准确判断，如润滑不良、轴系不对称、机械松动、齿轮点蚀磨损和轴承损伤等。

风力发电机组传动链测试参考标准为 VDI 3834-1-2015，准则中对测试时的方法、特征值阈值等都做了较为明确的说明。其中，各个部件的阈值设置如表 6-14 所示。

表 6-14 额定功率≤3MW 的陆上风力发电机的阈值

组件	评估加速度				评估速率	
机舱和塔架	频率为 0.1~10Hz				频率为 0.1~10Hz	
	区域界限 I/II		区域界限 II/III		区域界限 I/II	区域界限 II/III
	0.3m/s^2		0.5m/s^2		60.0mm/s	100.0mm/s
装滚珠轴承的转子	频率为 0.1~10Hz				频率为 10~1000Hz	
	区域界限 I/II		区域界限 II/III		区域界限 I/II	区域界限 II/III
	0.3m/s^2		0.5m/s^2		2.0mm/s	3.2mm/s
变速箱	频率为 0.1~10Hz		频率为 10~2000Hz		频率为 10~1000Hz	
	区域界限 I/II	区域界限 II/III	区域界限 I/II	区域界限 II/III	区域界限 I/II	区域界限 II/III
	0.3m/s^2	0.5m/s^2	7.5m/s^2	12.0m/s^2	3.5mm/s	5.6mm/s
装滚珠轴承的发电机	频率为 10~5000Hz				频率为 10~1000Hz	
	区域界限 I/II		区域界限 II/III		区域界限 I/II	区域界限 II/III
	10.0m/s^2		16.0m/s^2		6.0mm/s	10.0mm/s

其中，表6-14中的阈值指的是所测得数据的有效值，区域界限的划分如下：

区域 I。评估参数位于此区域的风力发电机及其组件，被视为适合在其振动载荷下连续运行。

区域 II。振动位于此区域的风力发电机及其组件，通常被视为不适合持久地连续运行。建议检查是何种激励，并对其考虑设计和运行条件，检查测得的值是否允许无限制地连续运行。

区域 III。位于此区域的振动一般被视为危险，它会对风力发电机及其组件产生损害。

9. 塔筒模态测试

风力发电机组塔筒的振动形式主要表现为侧向弯曲振动、前后弯曲振动和扭转振动。实际运行中塔筒的前一阶固有频率对机组的运行影响较大。对于3叶片式的风力发电机组，产生共振的主要激励源是风轮旋转频率(1P 频率)、叶片通过频率(3P 频率)和变桨频率。GL 规范规定风力发电机组塔筒的固有频率必须远离1P 和 3P 频率，以避免共振。目前个别机组出现额定风速以上、机组振动过大的情况，其原因与变桨频率接近塔筒固有频率有关。除此之外，塔筒模态测试还能发现一些基础松动等故障特征。

第7章 低风速风电场方案设计与机组选型

我国存在着风资源分布与经济分布不平衡的问题，随着风能资源的大规模开发利用，风资源较优的区域已被陆续开发利用，低风速区逐步走进开发商的视野，我国中东部和南部的低风速区逐渐成为风电投资的热点。低风速风电场方案设计和机组选型与常规风电场有众多类似之处，不同点在于它需要更好地评估风资源，更细致化地进行方案设计、规划和协调，选择最适宜的机组，以满足预算和进度要求。它的最终成功取决于细致、高质量分析流程的组合，取决于人员知识素养的提升，先进技术和可靠设备、数据的使用。

7.1 低风速风电场设计

7.1.1 低风速风电场设计特点

低风速风电场设计特点可以从以下几个角度去评价，分为环境、资源、机型、设计、运输、建设等。

1. 环境

由于低风速风电场较多位于山地区域，多丘陵、水系和山区，地质条件较为复杂，林地区域面积较广，且灾害性天气较多，极端气象天气多发。例如，南方地区雷雨较多，东南沿海地区受台风影响，云贵部分高原地区存在严重的冻雨覆冰、大部分地区局部受热不均导致短时雷暴大风出现、山区山体滑坡频现、青藏高原地区紫外线强烈等。

2. 资源

大部分地区风速较低，风资源分散，风况条件复杂。

1) 风速

由于山体陡峭、起伏较大，受地形影响，风电场内风况差异较大。较多山地低风速风电场由于海拔落差大，风速差异较大。局部区域不同地形形态接受辐射不同、增热和冷却不同，会形成方向迥异的坡风和山谷风，导致风向变化较大。

2) 风切变指数大

中东部平原和东北平原的低风速风电场受气象条件影响，风切变指数较大，高层的风资源具备优越的开发利用价值。而南部山区由于山体地形对气流的阻扰，风切变指数较小，与前者相反。

3）湍流强度大

对于山地地形区域的低风速风电场，平稳的气流易受山体的阻挡而上下扰动，风向变化快，且植被较多，地表粗糙度较大，由此导致环境湍流强度较大，平原相反。

4）入流角变化大

入流角的变化也是低风速区复杂地形带来的一个危害。入流角与风向的关联性较大，从地势平坦方向来流的风，入流角集中在 2°～8°，没有超出一般设计风力发电机时采用的 8°入流角；而当从陡坡方向来流时，入流角大约在 10°，超出风力发电机设计标准。复杂地形下容易出现的大入流角会造成风力发电机风轮平面受载不均衡。简单来说，入流角过大产生的危害与风力发电机风轮不对风的危害类似，容易使主轴承受异常的不平衡载荷，造成轴承、齿轮箱和弹性支撑的损坏，给风力发电机组的强度、寿命以及发电性能带来很大的危害。

5）极大风速

除受台风影响的区域外，50 年一遇极大风速一般低于 37.5m/s。受台风影响的区域一般为福建、广东、浙江、海南等沿海区域，该区域需根据资源条件选择最优的风力发电机组。

3. 机型

随着风力发电机组设备制造水平的改进和技术创新，风力发电机组具备适用于低风速区的各项能力。其主要的技术手段为低风速高切变地区增加塔筒高度，增长风力发电机叶片，增大强度，增加风能转换效率，降低成本。

4. 设计

低风速风电场方案的风向及风速的变化影响前期风资源评估准确度，从而影响项目整个前期设计工作。准确评估并掌握风资源特性很重要，风资源测量和评估的误差会导致发电量的误差，带来投资不准确性，误导业主在项目投资中做出错误选择。尤其在低风速区，发电量更加接近投资成本，准确评估风资源并确定经济可行的投资方案是风电场建设项目成本的关键。

与常规风电场相比，低风速风电场在风能资源评估、发电量估算、投资分析等方面需要更加精细化的技术评估，应增加测风点，延长测风时间，并对测风数据进行修正，提高风资源评估准确度；综合考虑风力发电机组可利用率、功率曲线保证率、尾流、气候、叶片污染、软件误差等，提高发电量估算准确度。

低风速风电场微观选址和机组排列布置的精度，在宏观上决定了低风速风电的利用效率。应精心考虑障碍物和地表粗糙度的影响，合理布置机组并优化电气设备布置，减小场内电能传输损耗，并考虑尾流影响，不拘泥于目前国内风力发电场的布置标准，因地制宜，以效益为导向综合考虑。

5. 运输

在运输方面主要受天气、地形和风力发电机组的限制。运输困难的区域主要是山区，拐弯半径和坡度、道路宽度、涵洞桥梁等因素需提前规划考虑。

恶劣天气，如大雾、雷雨等，严重的会导致山体滑坡等现象的发生，直接影响运输进度。

风力发电机组的叶片较长、塔筒较高，也对运输提出了较高要求。

6. 建设

天气、道路等因素是影响吊装的重要因素。另外，场地吊装平台较小，林地较多，对吊装施工提出了更高的要求。

针对低风速风电场的特点进行设计方案研究的意义可以分为以下几方面。

1) 提高评估精度

风电场前期评估精度，在宏观上决定了低风速风电的利用效率。我国风电补贴将分类型、分领域、分区域逐步退出，在 2020～2022 年基本上实现风电不依赖补贴发展。在本身效率较低和补贴不断减少的情况下，评估精度对项目投资收益影响较大。

2) 优化投资成本

低风速风电场前期设计需考虑机组选型、方案比选、现场踏勘和制约条件等多方面因素，对道路、基础、塔筒、征地、线路、电气配型、环境保护等多专业进行反复迭代优化，寻求最优设计方案，以降低项目投资成本。

3) 保证机组安全性

在山地低风速风电场内，各机位点风资源参数差异较大，影响风力发电机组的安全性因子不尽相同。在设计阶段，需进行逐机位筛查与评估，可以有效保证每台机组的安全性满足设计标准。

低风速风电场的前期设计以最优度电成本为目标，通过实地查勘、科学设计、优化迭代，配合优秀的计算机资源，智能化寻求最优整体解决方案，使投资项目方案最优。

7.1.2　低风速风电场测风及选址方案设计

1. 测风数据

测风数据是风电场前期设计的基础。在多数风电场开发区域中，没有建立完备的观测系统，测风塔数量少、测风周期较短、测量高度较低等均制约了测风数据的质量，由此会导致风资源评估结果误差较大，尤其是低风速风电场，会直接增加项目投资失败的风险性。

风受气候和季节影响，在风电场生命周期内有一定的不可预测性。年度测量数据只是一个参考，受厄尔尼诺等长期周期性现象影响，每年的风特性都在变化。用一年的测风数据去推算长达二十年以上的风电场生命周期内的风特性需要采用统计模块并引入一定的假设条件。风资源测量需要精确稳定的设备和准确的安放位置，这需要充足的预算和运行维护投入。另外，测风塔和风力发电机的位置并不一致，在典型的风电场中，10~15台风力发电机会配备一台测风塔，测量点高度与风力发电机轮毂高度也不一致，因此测量点与实际风力发电机位置处的真实风速能达到 ±10%的测量误差。

测风数据应遵循四点原则，即完整性、正确性、代表性、可靠性，在工作中应注意以下几点。

1)中尺度数据与短期测风相结合

中尺度数据可以观测到海风、低层急流风、回流等地形复杂区域的大气运动规律；测风塔的测量数据能够准确描述小范围内的地貌、湍流、风切变等参数。可以基于测风塔观测数据建立不同的数学模型，有效地将气象站和测风塔的观测数据转化为风能、风功率等风能资源评估参数，也可以利用计算机模拟技术结合测风塔观测数据、中尺度数据实现对近地层风能资源进行数值模拟评估分析，或两者结合使用，均可提高低风速风电场评估的准确度，为低风速风电场的设计提供重要的数据支撑。

2)测风高度应兼顾高中低各层通道

在平原地带，地形、地表粗糙度对风的影响比较小，风速、风向从多年月平均风速、年平均风速来看，趋于稳定。因此，在这种情况下，可以依据中尺度数据进行判断，若各层之间风切变无明显趋势，可以选择高度偏低的测风塔来推算更高高度的风速，若风切变呈明显变化的趋势，或者无规律变化，可以选择高度偏高的测风塔，明确各高度层的风速。

在山地、丘陵等地形下，风资源情况复杂，测风塔的代表性降低，这时就需要建立偏高的、多高度层数据的测风塔，才能准确地评估风资源情况。

3)低风速区测风塔选址原则

收集相关资料是测风塔选址的重要环节。资料主要包括地图、不低于1:50000的高程图、选址区域周边风电开发建设信息、电网现状信息、土地规划利用情况、地质条件信息等。此外，还需要包含气象资料信息(即风电场区域内及附近气象站的多年平均风速)、风向频率和相关气候背景资料、极端气象要素值、低温、大风、台风、覆冰、沙尘、雷电等与风电场建设相关的气象风险信息。利用地形图进行测风塔初选，并选定 2~3 个备选位置，对多个备选位置结合实地信息进行综合对比分析，力争所选测风塔位置科学，数量合理，尽量控制测风工程成本，提高收益。

2. 测风塔选址基本原则

1)代表性选取原则

代表性选取原则是测风塔选址必须遵循的重要原则,应充分体现区域代表性,根据地表类型(灌木、水体、沙尘、林地等)、地形条件(山脊、丘陵、戈壁、平原等)划分区域,尽量使测风塔位置能够反映出该区域平均风能资源的状况。对于平坦地形、山脉,与海岸线走向相似或与山体高度、形态、下垫面性质较为一致的地形,选取具有类型代表性的位置,以点带面,以少带多。

在风电场测风塔安装时应设在最能代表风电场风能资源的位置上,需远离高大树木和障碍物;如果测风塔必须设在障碍物附近,则在盛行风向的下风向与障碍物的水平距离不应小于该障碍物高度的 10 倍处安装;如果测风塔必须设在树木密集的地方,则应至少高出树木顶端 10m。对于不同的地形,具有代表性的测风塔位置选取方法也不同。

(1)平坦地形。

平坦地形是指在风电场区及周围半径范围 5km 内其地形高度差小于 50m,同时地形最大坡度小于 3°的地形。平坦地形在场址范围内同一高度层上的风速分布是均匀的,风廓线仅与地表粗糙度有关。根据平坦地形气流运动机理,具有均匀粗糙度的平坦地形在风电场中央安装测风塔即可。地表粗糙度发生变化时风廓线的形状分为上、下两部分,分别对应上、下游地表的风廓线形状,在中间衔接处发生急剧变化,测风塔应避开此类地区,在地表粗糙度变化前和变化后分别安装测风塔。当有障碍物时,测风塔安装时应避开盛行风向的上风向,障碍物的外侧和尾流区,防止湍流使得测风数据偏小,失去真实性。

(2)隆升地形。

隆升地形对气流运动产生加速作用,一般在脊峰处气流速度达到最大。当盛行风向吹向隆升地形时,山脚风速最小,山顶风速最大,半山坡的风速趋于中间,一般为了更大程度地利用风能资源,风力发电机排布均布置在山脊上,因此应在山脊顶部安装测风塔,同时该处位置相对于周边区域位置较高,不会因为受到周围山体的遮挡而影响测风数据的真实性。

(3)低凹地形。

由低凹地形的气流运动机理可知,只有盛行风向与低凹地形的走向一致,低凹地形内的气流才能加速,适宜建设风电场,否则谷内的气流变化较复杂,不宜建设风电场,故应将测风塔设在低凹地形盛行风向的上风入口处,测风数据才具有代表性,然后根据气流运动机理和风速场数学模型估测出其他地段的风速。对于比较复杂的地形需要更详细地分析,同时应根据当地的水文地质资料,测风塔选址应避开土质较松、地下水位较高的地段,防止在施工中发生塌方、出水等安全事故。

2)优劣均选原则

应在风电场风能资源相对较好的地点(如山顶)和风能资源可利用的下限区域(海拔相对较低)处均设置测风塔,以便较全面地掌握该风电场的全貌。

3)风特征选取

我国大部分地区为季风气候区,风向的季节性差异明显,对山地来说,季节性遮挡明显,冬季为迎风的山坡,在夏季可能成为背风坡,因此需要在可能具备利用价值的季风性的迎、背风坡设置测风塔,以测量迎、背风的季节性差异。

4)影响因素

测风塔代表性选址不仅只受地形条件的影响,还受其他条件的影响与限制,如场地植被、场地建设条件、交通运输条件等。

(1)场地植被。

由于高大植被对风速的阻挡作用,测风塔选址应尽量避免周围有高大的植被或者位于茂密树林附近,减小对测风塔的湍流扰动和尾流影响。测风塔位置应尽量选在周围无高大植被且粗糙度较一致的开阔地带。

(2)场地建设条件。

现主流的测风塔高度一般为80~120m,有4~5层拉线,最外层拉线距中心基础为40~50m,因此为了保证测风塔有足够的建设场地,测风塔选址应在场地开阔处,有足够的场地面积进行测风塔的施工建设及材料存放,同时场地的坡度不应太大。若地表有岩石存在,则应做好记录,可能存在人工爆破。

(3)交通运输条件。

便捷的交通运输条件对测风塔的设备运输安装和施工非常有利,减少人工搬运的成本与建造时间,因此在测风塔代表性选址时,交通运输条件是不得不考虑的一个因素。

3. 测风塔数量原则

对于平坦且场地粗糙度一致的地形,只需在场地中央位置设立一座高度不小于以后风电场风力发电机轮毂高度的测风塔,若场地有粗糙度发生急剧变化的区域,导致风速发生改变,则应该在变化前后的区域分别设立测风塔测风。对于隆升地形和低凹地形等复杂地形,应根据场地大小、主导风向和地形地貌增加测风塔数量,使测风塔所代表的区域能够覆盖整个风电场。当地形比较复杂时,应在不同地形代表区域进行加密测风,以获得更可靠的风资源数据。

1) 地貌相似

大致的背景粗糙度相似。地表粗糙度主要影响近地层风速的垂直轮廓线和湍流强度，参考站和预测站的地表粗糙度不可能达到完全一致，但是具有地区特征的大背景粗糙度相似是必要的。

地形复杂的程度相似。风流的形态受地形复杂程度影响较大，地形越复杂，参考站具有代表性的范围越小，因为复杂地形的微观风气候是十分复杂多变的。正是基于这个原因，地形复杂的风电场通常要设立多个测风塔。

2) 风气候因素

距离相近。参考站和预测站之间的距离是比较直接的判据，这在大多数的情况下是成立的，但也存在个例，例如，沿着海岸线距离参考站 5km 的地方与垂直海岸线距离参考站 3km 的地方相比，风气候可能更接近参考站。因此，在风电场大范围内地貌及地表形态没有发生巨大变化的，可以参考距离来判定相似度。

海拔高度相近。随着海拔高度的增加，空气的温度和气压也会随之变化，海拔高度的差距也会带来风气候的差异。根据诸多风资源从业者的经验，参考站和预测站之间的海拔高差不宜超过 100m，最多不超过 150m。海拔高差较大建议增加不同海拔高度的测风塔进行测风。

大气稳定度相似。大气稳定度基本是由地表温度决定的，温度越高，垂直对流越强烈，大气越不稳定。水体和植被覆盖的情况不同也可能导致大气稳定度的差异。

3) 遮挡效应相似

地形的走势和起伏不仅可以改变风速和湍流的大小，甚至可以改变风向的分布。有观点认为，在地形起伏较大的复杂风电场，测风塔应设立在海拔高度折中的位置。其实这种观点忽略了遮挡效应的问题，海拔高度折中的位置常常受到高处的遮挡效应，从而使测风塔不具有代表性。测风塔的周围必须是开阔的，在主风向上要特别注意，尽量避免受到遮挡效应。

当然，如果地形起伏较大，那么局部地区的遮挡效应是不可避免的，而测风塔也仅能代表遮挡效应相似的很小部分区域。这时就需要设立更多的测风塔来代表不同的遮挡效应。由于遮挡效应会带来较大的湍流，考虑遮挡效应相似之余，还要尽量避免在这些区域设立风力发电机点位。

4. 测风设备的状态

密切监测测风设备的正常运转，为测风数据的质量保驾护航。要定期对测风塔的塔体、拉绳、地锚、平台、横臂及观测设备、电源设备等进行检查和维护，及时排除存在的问题和安全隐患。

对拟保留进行长期观测的测风塔的相关配件和测风设备进行及时更换，可以有效解决测风塔数据资料上传不稳定及传感器故障造成资料缺失的问题，确保风能资料能够长期、准确地获取。

5. 复杂区域测风

根据测风塔数量原则，选择合适的测风塔安装数量，使测风塔所代表的区域能够覆盖整个风电场。在地形复杂的低风速风电场区域，应在不同地形代表区域进行加密测风，以获得更可靠的风资源数据，减小评估误差。

6. 特殊极端天气

测风数据是风电场最重要的基础，对于测风数据的收集和分析，不仅要分析数据的外在表现，也应该在发现一些疑点问题时善于找到根本原因。例如，追溯历史天气，查明测风塔在野外都经历了什么状况，这些状况一定会在测风数据上有所反映。台风、雷暴、阵风、覆冰等极端天气均会对测风塔的测量数据产生影响，在此期间应关注设备状态，监测数据质量，完成设备维护和数据分析工作。

7.1.3　低风速风电场风资源评估

根据低风速风电场的风资源特点，低风速风电场风资源评估需注意以下几点。

1. 数据分析

严格遵照国家标准，细化分析每组 10min 数据，分析错误或缺失数据的原因，并进行修订插补，降低数据不确定度。

2. 代表年订正

采用中尺度数据与测风塔数据，进行代表年分析与订正，降低大小风年带来的评估差异。

3. 风资源差异

低风速风电项目多位于风能资源丰富带的外围或地形加速作用较明显的区域，在我国的分布范围广，其项目场址内地形、地貌较复杂。由于地表形状和性质等对风流的影响明显，大气边界层低层内各种影响因素交替作用且主次不明，形成了丰富多彩的大气湍流等多尺度的天气现象。而持续的、经常的风流，更主要的是大气系统和大范围地形地貌的共同影响所致的，例如，在小微尺度上流体经过一粗糙面时会产生一定的分离现象，大气流经过大范围地形地貌时也会有分离现象。这种分离现象在低风速风电项目场址内较多，场址内风资源空间分布的变化较大。另外，当风速较小时，湍流强度较大，气流的持续性较差，风资源在时间分布上变化也较大。

目前，低风速风电项目在风资源探测阶段，测风位置多选于风能资源相对较好的位置，在项目风资源分析时应重视测风塔代表性分析，结合 CFD 和边界层气象学知识，使用先进的流体计算分析软件，科学、合理地确定项目规模。

4. 风向变化

我国低风速风电项目多位于季风变化明显的区域，项目场址内主导风向和次主导风向偏差明显，但其频率相差不大，且在不同的天气条件下相应地会出现不同的风向，在项目设计和运行中，应关注主导风向的季节性变化，例如，微观选址时机位点之间的距离；按不同的方位角，判断大气稳定度对风流的影响。

5. 高精度流场模拟

除将常规风资源评估手段更加精细化应用外，低风速区风资源评估还可以考虑以下技术手段进行高精度流场模拟。

1) 基于降尺度模拟技术的高分辨率风资源评估

随着风资源开发的深入进行，很多场址设在低风速区，对建设成本和发电控制要求越来越高，对低风速区风资源评估水平提出了更高的要求。大气系统较为复杂，按不同的尺度可以划分为大尺度环流系统、中尺度天气系统、小尺度系统以及微尺度湍流等，若完全精细模拟，则非常困难，只能针对不同地形设定尺度，根据需求针对某种尺度进行模拟。

对于台风、热岛、峡谷、山川等的模拟需求尺度在几公里至几百公里，属于中尺度范畴，低于这个尺度的属于微尺度。对于微尺度问题可以采用 CFD 方法进行精细模拟，例如，可以对特定风场、小型山地、丘陵的空气流动问题进行建模模拟，获取复杂地形条件下气流的风参数和流动特征。由于风电场的尺度一般属于微尺度，而且我国风电场大多地形复杂，流动不仅受地形影响，还受附近中尺度气候大气流动的影响。如果要获得准确的模拟结果，还要将中尺度模拟与微尺度 CFD 模拟耦合进行。随着计算服务器硬件价格的降低和推广，国内外越来越多的学者开始进行中尺度与微尺度耦合模拟。

2) 基于三维风电场模型的 CFD 微观选址

CFD 方法采用 N-S 方程描述实际流动问题，并采用有限体积法等方法进行控制点离散，并采用以压力耦合方程组的半隐式方法(semi-implicit method for pressure linked equations，SIMPLE)算法为代表的一系列数值求解方法进行求解，获得较为精准的模拟结果。在进行 CFD 模拟时，在天气研究与预报(weather research and forecasting，WRF)模式中尺度范围的计算结果中获取 CFD 模拟的边界条件可以将 CFD 与中尺度模拟耦合起来，获得更精确的计算结果，辅助低风速区风资源评估。

CFD 在风资源评估工作应用技术上已不存在壁垒，评估效果也优于风电行业专业软件，存在的问题主要是计算所需的硬件资源较多、时间成本较大、对人员技能要求较高。风电场空间范围为方圆十几公里，进行逐扇区模拟时间往往在一天至数天(取决于计算服务器配置)，这在日常工作中是较难接受的。但近年来硬件成本逐年下降，许多公司也在进行云平台开发，工作人员可以远程共享计算资源，不必配置多套计算服务器，CFD 技术在低风速风资源评估中的应用也逐渐成为可能。

7.1.4 低风速风电场微观选址和机位排布

1. 限制因素

低风速风电场微观选址工作涉及气象、地质、交通、电力等诸多领域，在微观选址之前要根据风电场的风能资源条件初步排布机位，明确风力发电机组布置原则。根据《风电场工程规划报告编制办法》《风电场场址选择技术规定》，在进行风电场的设计及建设前，需落实如下建场条件：

(1)矿藏分布图，是否存在压覆矿及采空区；

(2)所在区域土地属性分布(基本农田、一般农田、荒地、草地、林地等)；

(3)所在区域及其附近地上、地下文物分布；

(4)所在区域交通(公路)现状图及规划资料；

(5)所在区域旅游区、景点相关资料；

(6)所在区域自然保护区、候鸟迁徙路线相关资料；

(7)所在区域军事设施分布情况；

(8)所在区域居民分布情况；

(9)所在区域电力线路、设施分布情况。

在落实建场条件后，即可在排除以上限制性因素的区域内进行机位排布。

2. 布置原则

风电场通过风力发电机组把风能转化为电能，风流经过叶轮后速度下降并产生紊流，在沿着风向经过一定距离后风速才会恢复。因此，在布置风力发电机组时，应使沿着主风向的风力发电机组距离越大越好。但是，这样会使宝贵的风能资源和土地资源得不到合理利用，还增加了机组间电缆和道路的长度，使得投资增加，而获得的发电量并不增多，降低了整个风电场的经济性。因此，在布置风力发电机组时，关键是寻找投资和资源开发利用量的结合点，恰当平衡两者的关系，同时还要根据实际的地形和地域情况，因地制宜优化布置。布置原则如下：

(1)应充分考虑场址内盛行风向、风速等风况条件。在同等风况条件下，应优先考虑地形地质条件良好且便于运输安装的场地进行布置。

(2)进行多方案比选，精细调整机位，在投资、建设安装难度、发电效益方面取得最佳平衡，努力提高综合效益，减少投资成本，降低建设安装难度，提高发电量，争取风电场综合效益最优化。

(3)避免无效机位。例如，项目场址内农田、村庄较多，预计在土地、林地、环保、水土保持、村民利益等方面会遇到较多限制。在设计中需全面考虑地类、环保、水土保持等要求，避免无效机位，做好预备方案，尽量减少机位调整，特别是大规模的调整。

(4)合理集中机位。如果分散布置风力发电机组，虽可获得相对较高的发电量，但线路、道路较长，建设安装难度较大，反而降低了综合效益。因此，在综合考虑线路、道路、建设安装难度等问题并保证发电量的前提下，集中机位以取得发电量、线路、道路、建设安装难度的最佳平衡，降低投资，提高风电场的综合效益。

3. 作业内容

微观选址作业分为内业和外业两个阶段，首先进行内业工作，然后在内业工作的基础上进行外业工作。在微观选址外业工作完成后，再根据项目具体情况不断优化，从而得到科学合理的机位排布方案。

微观选址内业工作内容包括以下几个方面：

(1)综合考虑风电场地形、地表粗糙度、障碍物等，并合理选用风电场各测风塔的测风数据，利用风能资源仿真计算软件进行流场模拟；

(2)根据风电场风能资源分布情况和具体地形条件，兼顾单机发电量和风力发电机组间的相互影响，拟定若干个风力发电机组布置方案，对风力发电机组布置进行比选优化；

(3)从发电量、道路与线路路径、安装平台选取等方面进行技术经济比较，选定风力发电机组最终布置方案，绘制出风力发电机组布置图。

微观选址外业工作主要为确定各机位的现场条件，综合考虑风能资源、地质、交通运输、施工、输变电、工程规模、远期规划、地方政府意见等方面，根据各风力发电机组机位现场条件，对部分机位进行优化微调，对少数不满足建设条件的机位进行调换，最终确定风力发电机组机位，并在现场定桩标记。

在微观选址外业工作完成后，应对现场确定的机位进行风能资源分析复核，确保所定机位合理。

微观选址是一项反复迭代、不断调整优化的工作，也是一项需要进行全过程质量管理的工作，只有在每一环节进行细致的计算分析，不厌其烦地进行方案对比，才能得到科学合理的机位排布方案。

7.1.5 低风速风电场投资收益优化设计

1. 道路线路设计

低风速风力发电机组叶片较长，增加了道路交通运输的成本，特别是在复杂的山区，会增加对道路宽度的要求，道路工程量也随之变大，致使项目建设成本提高，降低项目的收益率。

在低风速风电场的道路设计中，由于风电场本身的建设条件有限，加上地形比较复杂，既要满足运输要求，又要经济合理、环保节约，是道路设计的关键。

风电场的进场道路选择尤为重要，考虑对当地村庄和环境影响最小的线路，应设计多套方案，勘查现场后选取最优可行的两套方案。

场内道路占据了风电场道路设计的绝大部分，主要包含场内道路的主线以及连接各风力发电机的支线道路。圆曲线半径和道路宽度应根据运输车辆尺寸进行计算和绘制挂车的轨迹图来确定。在圆曲线设计时应尽可能减小转向角度和选择较大的圆曲线半径。对于局部陡坡上的半挖半填路基，应根据现场地形、地质情况采取护肩、砌石和挡土墙等结构形式。

2. 发电量评估

1) 折减系数

折减系数可以分为两类：一是确定折减系数，发生在风电场运行阶段，其发生是必然的，如风电场用电、线损、叶片污染、尾流损失、风力发电机组利用率等；二是不确定折减系数，主要发生在风资源评估阶段，其结果可能导致发电量高估或者低估，如风速的不确定性(测风塔安装、测风仪性能、地形影响、机位风速的推算、代表年订正等)、地形模型的不确定性、尾流模型的不确定性、功率曲线与实际出力偏差的不确定性。

低风速风电场对发电量的评估精度要求高，应对极端天气情况、限电、风力发电机组出力情况、控制和湍流强度、软件误差及未来风速变化等折减因素考虑周全。每一项的误差将会放大发电量的不确定度。

2) 评估结论的校订

低风速风电场一般具备多个测风塔。在经过软件模拟计算后，需要对各测风塔影响范围内的机位进行风速、发电量等数据的校订。例如，临近测风塔的机位，且海拔高度相近，风速值应接近或相同，对于风速值差别较大的机位，应再次进行核算，并采用临近测风塔数据进行校订，以减小评估的不确定度。

3. 概算与财务评价

风电项目概算是经济效益分析和评价的前提，主要是根据初步设计或扩大初步设计图纸，进行概算定额、工程量计算，梳理材料、设备的预算单价，计算工程从筹建至竣工验收交付使用全过程建设费用的经济文件，即计算项目的总费用。

工程总概算由施工辅助工程概算、设备及安装工程概算、建筑工程概算、其他费用、预备费、建设期贷款利息组成。财务评价包含如下概念。

1）资本金内部收益率

资本金内部收益率是对于某一确定的项目方案，反映从投资者整体权益角度考察盈利能力的要求，其判别基准是项目投资者整体对投资获利的最低期望值，即最低可接受收益率。

2）投资方内部收益率

投资方内部收益率是对于某一确定的项目方案，从每一位投资者的角度出发，根据每一位投资者初始各年投入的对价资金和项目资本金、以后各年实际分得的利润（股利）、最后的清算所得，计算出每一位投资者的各年净现金流量，并据此计算出每一位投资者的财务内部收益率。

3）全投资内部收益率

全投资内部收益率为资本金内部收益率的一种特殊情况，即项目所有投资均为投资方自有资金，无借贷资金，反映了项目本身的盈利水平，分为所得税前和所得税后全投资内部收益率。

4）经济增加值

经济增加值（economic value added，EVA）指从税后净营业利润中扣除包括股权和债务的全部投入资本成本后的所得，其核心是指资本投入是有成本的，企业的盈利只有高于其资本成本（包括股权成本和债务成本）时才会为股东创造价值。EVA 是一种全面评价企业经营者有效使用资本和为股东创造价值的能力，是体现企业最终经营目标的经营业绩考核工具，也是企业价值管理体系的基础和核心。

5）敏感度系数

敏感度系数是指项目效益指标变化的百分率与不确定因素变化的百分率之比，当评价指标与不确定因素同方向变化时，敏感度系数为正值，反之为负值。敏感度系数绝对值越大，表明项目效益对该不确定因素敏感程度越高。

6）资本金净利润率

资本金净利润率表示项目资本金的盈利水平，是项目达到设计生产能力后正常年份的税后净利润或运营期内税后年平均净利润与资本金总额的比值，反映了投资者投入企业资本金的获利能力，是一种获利能力的标准性指标。

4. 经济评价

风电场项目中经济效益的分析和评价是项目可行性研究的核心部分，它主要解决项目在经济上的合理性问题。

风电场项目经济评价是根据国家现行财税制度和现行价格，按国家发展改革委以及住房和城乡建设部颁发的《建设项目经济评价方法与参数(修订建议稿)》和《风电场工程可行性研究报告编制办法》及国家颁布的有关规定的要求，进行费用和效益计算，考察其获利能力、清偿能力等财务状况，以判断其在经济上的可行性。

要对风电场项目进行经济评价，首先需要对项目的建厂条件、场址方案、系统布置、设备选型及项目实施等方面的可行性进行研究论证；其次，综合考虑项目所选机组的安全可靠性、发电能力、设备价格及后期运营维护成本等方面；最后，进行单方案的经济性分析或多方案的经济性比选，从而确定可行高效的投资方案。

由于风电场项目具有投资大、收益慢的特点，经济评价涉及项目前期可行性论证、工程建设后期运营的整个阶段。

通过对基础数据(投资成本和发电收益)的输入，可以计算得出项目投资净现值、内部收益率、回收期、利润率、资产负债率等关键指标，比较分析后判断该项目在经济上是否可行或选出最优的投资方案。

因电网公司要求，由电站出资建设的送出工程投资计入项目总投资进行经济评价；若采用垫资方式，估算电网公司进行资产回购时间，回购之前所产生的利息费用由项目承担，且送出工程资产不计入项目资产，不计提折旧。

为下一期预留的升压站、送出线路等工程的投资全部进入本期投资，不进行分摊，但可将分摊作为不确定性因素进行敏感性分析。

对于限电地区的风电场项目，以项目所在地当前实际限电比例进行全经营期计算。对于覆冰区域的风电场项目应充分考虑气候对发电量的影响。

5. 敏感性评价

通过对风电场项目具有较大影响的不确定因素进行分析，计算其增减变化引起项目经济指标的变化及变化程度，以判断项目的可承担风险能力，主要计算投资、电价、电量变化对经济性的影响。

6. 最优度电成本的优化迭代

实现度电成本最优是一项系统工程，提升发电量、降低建设成本和运维成本是关键。从全生命周期角度关注效益提升和成本下降，着眼细节，做好每个关键点。

采用先进的中尺度气象数值模拟技术、激光雷达测风技术、无人机三维高精度建模技术、CFD 模拟技术等，通过智慧化评估平台快速评估风能资源，形成最优的工程设计方案，通过对风电场建模分析和优化迭代，并与概算和经济评价耦合考虑，进而降低建设成本和提升发电量，降低风电场度电成本。

7.2 低风速风力发电机组特征与选型

7.2.1 低风速风力发电机组特征

随着低风速市场开发力度逐渐增大，开发难度将逐渐提高，可开发区域的风资源条件也将逐渐恶劣。低风速区风资源条件相对较差、地质条件复杂、施工难度大，从而决定低风速风电技术的关键是提高风力发电机组低风速环境下的风能利用率，降低度电成本。因此，如何确保风电场全局经济性最优是风电设备企业需要思考的重要课题，使用大容量、高塔筒、长叶片的高效率风力发电机组成为业内普遍认可的解决方案之一，风力发电机组大型化正逐步成为世界风电发展的必然趋势。低风速区风资源特点各异，但低风速是其主要特点，而对于低风速风电开发，增加叶片长度和增高塔筒高度则是更充分利用风能资源、提升发电量的两个重要手段。此外，机组选型还应考虑低风速区风资源其他特性影响，以安全运行为基础，不断追求较高稳定收益率。低风速风力发电机组的特征体现在以下几个方面。

1. 叶片长度

叶片加长，与风轮捕风能力呈平方关系增加，将大幅度提高机组的发电量。因此，开发低风速区风资源，首先要增加机组叶片长度。以 1.5MW 风力发电机组为例，风力发电机组采用直径为 82m 的叶片，一般针对 II、III 类风资源区域设计，2010 年后市场中陆续出现针对 IV 类风资源区域开发的机型，使得 1.5MW 机型的叶片直径达到 87m，乃至 96m。随着技术的不断改进以及市场的认可，低风速风力发电机组的市场份额增长明显，叶片直径小于 80m 的机型逐步淘汰。自 2014 年以来，2MW 低风速风力发电机组成为国内风电市场主力机型，2MW 机组的主要市场由叶片直径为 82m 向 100m、115m、121m、130m 转变。自 2017 年以来，受限制性因素及征地成本影响，低风速区可用机位逐步紧张，2.5MW 机组逐步成为低风速风力发电机组主力机型，其叶片长度由 130m 发展到 140~146m，由于其在节省机位、减少征地成本和建设投资上的优异表现，2.5MW 机组在复杂和简单地形低风速风电场均具备较强的适用性。自 2018 年以来，叶片长度达到 146~

160m 的 3MW 风力发电机组也逐步推向市场，其在丘陵和平原低风速风电场可大幅度减少机位数，有效降低度电成本，具备较强的市场竞争力。

低风速风力发电机组在其基础选型上的改进，并非仅仅加长叶片、增大叶片直径，还需要对翼型进行新的开发，充分考虑叶片加长所致的柔性、叶尖高速等问题，以及在低风速下实现功率输出的稳定性，同时应考虑在叶片的重量、强度及成本的前提下，选择合适的材料和工艺。

2. 塔筒高度

在风切变较大的地区，通过增加塔筒高度，风轮被托举到风速更高的区域，从而捕获更多的风能，提高机组发电量。在"十三五"规划期内，中东部和南方地区陆上新增容量占全国陆上新增容量的 54.5%，中东部和南方地区陆上风电开发占据全国风电开发主要地位，是我国"十三五"期间风电持续规模化开发的重要增量市场。我国江苏、安徽、河南、山东、河北等低风速区均有丰富的高切变风资源，根据《2017—2020 年风电新增建设规模方案》，这 5 个省份在 2019~2020年规划新增装机容量占全国新增装机容量三成以上，而高风切变项目是这 5 个省份新增装机容量的重要组成部分。

我国江苏、安徽、河南、山东、河北等低风速区具有丰富的高切变风资源，其地形分布主要为平原和丘陵，高塔让这些低风速高切变风资源具备经济开发价值。2016 年，国内市场塔筒的平均高度是 82.3m，最高是 120m。2017 年，塔筒高度突破 120m，达到 140m，而目前全球范围内已出现 160m 以上的高塔筒，表 7-1 为主要高塔筒机型汇总。国外高塔筒风力发电机组的技术研究和应用相对较早，120~160m 的高塔筒都已有批量商业运行的业绩，全球范围内已安装上万台 100m 以上的高塔筒风力发电机组。高塔筒风力发电机组在国内的研究起步相对较晚，但发展迅速，为抢占低风速高切变风资源市场，陆续推出高塔筒机型，从目前已安装和运行高塔筒风场的情况看，已经具备高塔筒批量商业化运行的技术水平。

表 7-1 高塔筒机型汇总表

	单机容量/MW	叶片长度/m	塔筒高度/m
国内	2.0/2.2	115~131	120~140
	2.5	131~141	120~140
	3~4	145~156	140
国外	2~3	110~120	137~153
	3~4	126~155	142~166

为探究高塔筒对提高项目发电量和收益率的作用，表 7-2 给出了某 2MW 机

型在不同塔筒高度下风速、发电量和收益率增加量。数据显示，风切变越大、塔筒高度越高，发电量增量越大。以 0.35 的风切变为例，塔筒高度从 100m 增加到 140m，年平均风速从 5.00m/s 增加到 5.62m/s，年等效达到额定功率小时数可从 2206h 增加到 2737h，提升了 24.1%。

表 7-2　不同塔筒高度下风速、发电量和收益率增加量

塔筒高度/m	参数	风切变			
		0.2	0.25	0.3	0.35
100	风速/(m/s)	5.00	5.00	5.00	5.00
120		5.19	5.23	5.28	5.33
140		5.35	5.44	5.53	5.62
100	发电量提升比例/%	0.0	0.0	0.0	0.0
120		7.3	9.2	11.0	12.9
140		13.6	17.1	20.6	24.1
100	收益率提升比例/%	0.0	0.0	0.0	0.0
120		1.6	2.5	3.4	4.3
140		2.5	4.1	5.7	7.4

注：不同塔筒高度下风场单位千瓦投资为 8000～8750 元/kW。

针对 IV 类风资源区域，按照 2020 年指导电价 0.47 元/(kW·h)，评估不同风切变、不同塔筒高度下风场收益率，数据显示，当风切变为 0.35 时，140m 塔筒比 100m 塔筒收益率提高 7.4%。对于部分高切变风资源，当 100m 塔筒高度风速低于 5m/s，收益率无法满足要求时，可合理使用高塔筒技术，大幅度提升发电量，确保项目收益率达标。

3. 单机容量

2019 年，风电行业正在逐步走向平价上网的时代，风电的装机容量和发电量将会对电力市场的整体发展起到决定性作用。在未来两年内，风电开发商将倾向于资源较优的低风速区进行投资，但是目前低风速区可开发资源逐渐减少，剩余地区开发难度逐渐增大，这就需要提高单机机组容量以降低风电场建设成本。

2014 年以来，2MW 级低风速风力发电机组成为国内风电市场主力机型，目前已逐步淘汰 1.5MW 级风力发电机组。近两年新开发项目受建设成本和敏感性因素影响，大多数项目均要求单机容量大于 2.5MW，对于 2.5MW 级风力发电机组，在复杂地形情况下，直驱永磁、半直驱和双馈机组均可兼顾发电量和建造成本，在搭载较长叶片的情况下，可较好地控制塔筒、基础和道路建造成本，有效降低度电成本。对于江苏、安徽、河南、山东等地形较为简单的区域，大于 3MW 级

大叶片机组具备较强的市场竞争力，且该部分区域处于沿海经济发达地带，受民房、农田等敏感性影响，可用机位数量紧张，为保证开发容量，大于 3MW 大容量机组有利于节省机位，减少征地成本，在确保项目容量达标的同时，进一步优化项目度电成本。

在国内外风电市场上，均已推出了大于 3MW 级的低风速风力发电机组，其叶片长度达到 150~160m，预计将成为地形较为简单的 IV 类风资源区域主力机型。考虑到地形简单、高风切变的 IV 类风资源区域的特点，单机容量达到大于 3MW 级、叶片长度达到 150 余米、塔筒高度达到 100~140m 将是该区域机型应用的一个主流趋势。

7.2.2 低风速风力发电机组选型

业内主流适用于低风速区的风力发电机组在低风速段出力随风速的变化明显，即功率曲线的斜率较大。低风速时，风流的稳定性较差，小风速时段内风力发电机组运行情况直接影响发电收益。因此，选择合适的低风速风力发电机组，对项目发电收益影响巨大。

对风电场整体而言，根据各机位风资源的不同，优化搭配不同单机容量、不同叶片、不同高度塔筒等风力发电机组，选取每个机位处最为合适的机型。另外，发电机组的选型还应考虑风力发电机组、基础、道路线路、征地等各项成本，并与设计方案相结合，优化迭代，寻求最优度电成本的风力发电机组。在进行低风速风力发电机组选型时应在以下几方面加强工作。

1. 湍流强度

在资源分析时通常的方法是根据测风塔处的湍流强度来判断场区范围是否超过 IEC 规定的风力发电机分级标准。然而，通常位于下风向的风力发电机点位往往受到上风向风力发电机的尾流影响，增加了下风向风力发电机的湍流强度。因此，风电场中风力发电机承受的有效湍流强度由环境湍流强度和考虑尾流影响的附加湍流强度两部分组成。

1) 湍流强度计算时测风塔的选择原则

如果风场仅有一座测风塔，则应用现场测风塔一年完整的有效数据计算环境湍流强度。

如果现有几座测风塔，则可按具体情况按照如下两种方式进行处理：

(1)这几座测风塔拥有一段同期数据，同期数据的时间不低于 3 个月，其中至少有一座测风塔数据不到完整一年，需要将风速数据补到完整一年。在这种情况下，一方面比较所有测风塔在共有时段的环境湍流强度曲线相关情况，另一方面比较测风时间最长的测风塔的所有时段的环境湍流强度和所有测风塔共有时段的环境湍流强度曲线相关情况。如果测风时间最长的测风塔的所有时段的环境湍流强度与其在所有测风塔共有时段的环境湍流强度相关性较好，而且这几座测风塔共有时段的环境湍流强度曲线变化趋势很接近，则可认为该风场测风时间最长的那座测风塔的环境湍流强度在本风场具有较好的代表性，并可以利用该测风塔计算风场的有效湍流强度。

（2）如果这几座测风塔没有同期数据，则应选择测风时间超过一年、在风场中代表性好的测风塔计算湍流强度。

2）风力发电机组有效湍流强度超标的处理方式

风力发电机组湍流强度超标时的处理方式有调节机组周围风力发电机布置、拉大风力发电机间距，以及适当提高风力发电机组塔架高度。

当风电场某台机组轮毂高度处有效湍流强度超过标准时，可采取的几种处理方法有以下几种：

（1）将该位置机型换成湍流强度级别更高的风力发电机组；

（2）将该机组移到湍流强度小的位置；

（3）调节该机组周围，尤其是上风向风力发电机组的布置，拉大该机组与上风向机组之间的距离，使其尽可能少受其他机组尾流影响；

（4）在项目经济性允许的条件下适当提高风力发电机组塔架高度。

如果不采取上面所列的几种方法，则应进行风力发电机组疲劳载荷计算，观察载荷计算结果是否超过风力发电机组的设计要求。如果载荷计算结果没有超过风力发电机组设计要求，则可以安装。如果载荷计算结果超过风力发电机组设计要求，则应取消该机位的布置，或者调整风电场的运行模式，即当下风向风力发电机组受上风向风力发电机组尾流影响严重时，可以根据实际情况关停部分下风向的风力发电机组，这样尽管牺牲了一部分发电量，但可使下风向机组避免了因尾流引起的有效湍流强度过大，从而可降低疲劳载荷，延长下风向风力发电机组的使用寿命。

2. 安全等级

我国南方低风速区，除台风影响区域外，低风速区威胁机组安全性问题主要是疲劳载荷超标，由于平均风速较小，其影响疲劳载荷的主要风资源参数是湍流强度。在复杂地形条件下，风流由于受障碍物、地形、地貌的影响，湍流强度较大。在平原和丘陵地区，机组叶片较长，机组尾流间影响较大，尾流叠加导致湍流强度增大。湍流强度的增大使风力发电机组的气动、重力和惯性载荷之间的耦合效应更加复杂。本质上湍流强度反映的是风速的波动情况。湍流强度越大，气流越不稳定，波动越大。由于湍流的存在，气动改变了交变载荷。风力发电机组承受气动载荷的主要部位是叶片和塔筒，叶片与塔筒所受风载荷都以弯矩和推力的形式直接作用于风力发电机组上。

对于广东、浙江、江苏和山东等省份的沿海低风速风资源区域，其夏季频繁遭受台风过境，尤其是广东地区，夏季台风登陆频繁。受夏季台风影响，该区域风力发电机组必须具备较高的极限风速设计值。

表 7-3 为 IEC 61400-1 第四版关于风力发电机组设计分类的要求，其在原有第三版的基础上，进一步细化了机组分类，明确了受热带风暴影响区域对极限风速设计的要求，针对目前低风速区湍流强度普遍较大的情况，其在原有 A 类 0.16 湍流强度标准上新增 A+类 0.18 湍流强度，确保机组安全设计等级能够覆盖大部分风资源区域特征。因此，湍流强度和极限风速是需要提前确定并在风力发电机组载荷设计及风电场选址过程中予以考虑的。

表 7-3 风力发电机组分类表

风力发电机组等级		I	II	III	S
年平均风速 V_{ave} /(m/s)		10	8.5	7.5	
50 年(10min)一遇最大风速 V_{ref} (m/s)		50	42.5	37.5	
热带气旋 $V_{ref,T}$/(m/s)		57	57	57	由风力发电机组制造商规定各参数
15m/s 时湍流强度 I_{ref}	A+		0.18		
	A		0.16		
	B		0.14		
	C		0.12		

注：来源于 IEC 61400-1 第四版。

3. 高海拔

分布在贵州、四川、陕西等省份的部分低风速风资源区域海拔达到 2000m，甚至超过 3000m。高海拔地区具有较恶劣的自然气候条件，对电气电机类设备性能影响较大，其特点包括空气密度较低(大气压低)、空气温度较低、气温日变化剧烈、日照时间长、太阳辐射强、空气绝对湿度较小、年降水量较小、空气干燥、土壤电阻率较高。

对于安装在高海拔地区的风力发电机组，由于海拔高度较高，空气密度、大气压力、空气温度、空气湿度等发生变化，对该区域使用的风力发电机组提出新的要求，在设计上需要做适应性的特殊设计才能保证电机在高海拔环境下正常工作。

4. 灾害天气(低温、雷电等)

随着风电场的大量兴建，气象灾害对风电场安全的影响问题受到越来越多的关注，气象灾害会使风电场内设备受损，发电效益降低。我国中东部和南方地区的气象灾害包括台风、雷电、低温冰冻、暴雨、高温等相关灾害，台风对风电场造成较大的机械破坏，雷电造成风力发电机和电网损坏，低温冰冻引发设备覆冰、机械故障及发电量损失，暴雨诱发山洪，冲毁风电场内建筑和道路，引发内涝淹没地面设备，高温引起电气设备温度升高，引发火灾爆炸。在机组设计以及微观选址过程中应全面考虑机组可能遭受的灾害天气，完善机组在灾害天气时的生存能力。